陪你“跑”进生命深处

心灵之旅的 101 个故事

马泽中　著

中国石化出版社

HTTP://WWW.SINOPEC-PRESS.COM

图书在版编目（CIP）数据

陪你“跑”进生命深处：心灵之旅的101个故事/马泽中著. --北京：中国石化出版社，2019.8（2020.10重印）

ISBN 978-7-5114-5423-2

Ⅰ.①陪… Ⅱ.①马… Ⅲ.①人生哲学－通俗读物
Ⅳ.①B821-49

中国版本图书馆CIP数据核字（2019）第153870号

中国石化出版社出版发行

地址：北京市东城区安定门外大街58号
邮编：100011　电话：（010）57512500
发行部电话：（010）57512575
http：//www. sinopec-press. com
E-mail：press@ sinopec. com
北京柏力行彩印有限公司印刷
全国各地新华书店经销
*
710×1000毫米 16开本 23.75印张 387千字
2019年11月第1版　2020年10月第2次印刷
定价：98.00元

目录

序言

跑起来，忘掉过去的自己

跑进生命深处，给你前进的力量

人生除了生死，其他都是擦伤

中国石化出版社诚意出品

本书线上亮点

1.配套全文电子版的内容
2.倾情演绎有声朗读故事
3.燕园心理全程辅导课程
4.心理咨询老师全程辅导

心灵导师辅导阅读

01 推送应用与服务
02 提醒打卡和学习
03 答疑互动和客服

微信添加心灵导师

通过本书你将获得

1/了解自己、看清小我，进而在生活中操练，让自己更加自在、解脱、快乐
2/“实用干货”可以治愈“过度焦虑和抑郁症”
3/帮助现代人因为社会压力、人际关系、资讯爆炸而不安恐慌的心灵获得平静

序言1

其实，生活就是这样简单

每个人都渴望自己的人生活得深刻一些、丰富一些、幸福一些。

为此，我们读书、请教高人、拜谒大师，想要看破红尘、看破生死。

然而，我们仍然活得很纠结：一边执行节食计划，一边偷偷去吃甜点；一边发誓早睡早起，一边熬夜看剧；一边想要小蛮腰，一边赖在沙发上；一边想要实现自我价值，一边难以离开现有的生活工作状态……

2017年7月20日，我开始每天坚持跑步，并在微信朋友圈打卡写感受。

本来，这卡为自己而打，这步为自己而跑，这感受为自己而写，然而，却对别人产生了影响。

有人反馈说，受我坚持跑步的影响，他也如法炮制地找到自己喜欢的事情去坚持了。

也有人反馈说，被我写的感悟触动，茅塞顿开，对自己又多了一点了解。

还有人直接说："马老师，你可以做成一本书啊！"

现在，我坚持跑步马上就要两年了。

在这近两年的坚持中，跑步不仅仅成为我喜欢的事情之一，不仅仅成为我的日常，也正如书名所写的，坚持跑步真的陪着我跑进了我自己的生命深处，给了我超乎想象的生命体验、生活感悟、工作灵感和爱的力量。

其实，我们之所以纠结，是因为我们一直在思考，却鲜有行动。

如果你也能找到一件事，在固定的时间里，把它坚持下来，那么，也许，这件事便会引领你、陪伴你，走入你的生命深处，让你去体验属于你自己的独特生命，给你灵感、让你顿悟，慢慢生出爱，蓄积爱，让爱流出来。你会发现，不知从哪天开始，你居然也像我喜欢跑步那样，喜欢你坚持的这件事情了。

我的跑步，像许多人一样，最初源于锻炼身体。

因为每天在固定的时间去赴跑步之约（哇，是不是很浪漫的感觉），约着约着就约出了感情。跑步，见证过我的痛苦、迷惘，也见证过我的顿悟、灵感，还见证过我的决心、力量，更重要的是，也见证过我的爱、我的温柔。见证过这些因锻炼而来的跑步，融入我的日常生活，成为我生命中的一部分。

而你，也可以先找到一件事情去坚持，在坚持的过程中，我想，你一定也能遇见你的生命。

生活也许就是这样简单！

生活其实就是这样简单！

想要什么，就去做，就去坚持，在坚持的过程中，一切就都有了！

这本书就是想告诉你，生活不需要那么多大道理，生活不需要那么深刻。

或者说，生活中的大道理、生活的深刻、生活的智慧，其实，就蕴含在点点滴滴地对普通事情坚持的过程中。

对普通事情坚持的过程，就是你藉由这个普通的事情，与你的生命相遇的那许多个时刻。在那许多个时刻里，你全然地和你的生命在一起，体验生命的不同状态、产生一些顿悟、接收一些灵感、体会能量的流动，而深刻，就在每一次的坚持中，由那些留下的状态、顿悟、灵感、能量组成了。

所以，我们不是一下子就变深刻的，而是在每天进步一点点的过程中每天深刻一点点。不去做，不去尝试，你想要的深刻就从未开启过。

大道至简，就是这个意思吧。

其实，每个人只要用心去做，都能做到。

在你的现实生活当中，你不一定非要等找到自己喜欢的、爱干的事情才开始坚持。你也可以先找到那件对自己有好处的事情，每天花上10分钟或半小时的时间，全身心投入地坚持去做，在做的过程中去感受自己。

你会发现：也许，刚开始的时候，你会非常烦躁，不想去做；然后，你会提醒自己，不忘初心，全情投入；然后，你竟然有了一些不一样的感觉，不熟悉却很踏实，嗯，那好像就是传说中的全情投入吧，忘了周围，只有你和那件事；然后，你又有了一些不一样的感觉，也不太熟悉，可是有喜悦，很想把这份喜悦分享出去……这种感觉在一点一滴的坚持中积累着，有一天，你突然顿悟，这就是爱的感觉。

顿悟到爱的时候，你有想拥抱全世界的冲动。

你站在高山之巅，伸展双臂，风迎面吹来，温度正合适，你想大声呼喊。

你想呼喊什么呢？

也许是“我爱你，全世界！”也许是“世界，我来了！”也许是……

总之，你有满满的能量，你有充足的能量，你想让这个美好的能量充满全世界！

从高山之巅上下来，回归现实生活，你自己都奇怪，怎么自己的每个细胞里都充满了满足和慈悲呢？

原先看到就烦的孩子，现在，你觉得怎么那么可爱，总是带给你惊喜！

原先看到就忍不住数落一顿的老公，你竟发现，原来他一直在包容你！

原先看到就想挑他刺的同事，你竟发现，原来他一直也挺努力的！

原先你满眼都是阴霾天，现在，阴霾天都是蔚蓝天。

惊不惊喜，意不意外！

你的纠结被治愈了！

你要的深刻、你要的丰富、你要的幸福，都来了。

● 燕园心理：马泽中

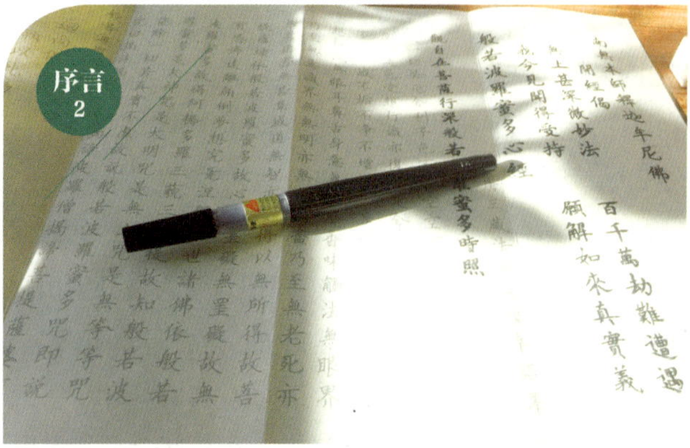

这是一本什么样的书

这本书，不讲道理，不说理论。

这本书，讲的是生命，说的是生活。

这本书，不是高高在上向你展示该这样、该那样。

这本书，通过我日常生活中的一隅——每天清晨的跑步感悟，来试图还原生活本真的样子：简单。

这简单体现在坚持和用心上。

只要用心地坚持做一件事，人生就会不一样。

我坚持做的那件事叫跑步，我记录跑步时的感悟叫用心。

日复一日，既影响了别人，又可以整理成书，这就是坚持带给人生的不一样！

这本书从我每天的跑步感悟中挑出了101篇，组成“泽中晨跑感悟”。

针对每一篇感悟，由程语和杨莉两位咨询师分别把它具体化为一个生命故事，一段心理分析，几个实用的方法和建议，一段告白等，使得感悟从生活中来，又回到生活中去。

这样，一个完整的主题就由“泽中晨跑感悟 + 芊芊心解”的方式共同阐述了。

读者既可以从“泽中晨跑感悟”中读出自己的感受，延展出自己的领悟，又可以从“芊芊心解”中读到别人的生命故事、心理分析、方法建议等，引发新的感受和新的领悟，最终回到自身，融入自己的生活，为自己的生命添加色彩，完成自己的人生迭代和升级。

我的感悟是每天都写，有时间顺序，在本书中，把感悟按照“生命、生活、工作、去爱”这四个主题分类后，各篇相互之间不具备时间的连贯性，同时，各篇内容相互独立。

所以，你在读这本书的时候，完全可以按照自己的喜好去选择主题。

当然我更建议你，在一个固定的时间，准备好笔和本，用你的左手翻开一页，不要急着去读，先去用心感受：看到这个主题，你心里冒出了什么，然后把心里冒出来的话写下来，写到你没什么可写了为止，这时，你再慢慢阅读这个篇目。在阅读的过程中可以随时停下，去记录自己的感受。

也许，你会觉得这样太慢了，可是，恰恰，我们读这本书的目的不就是要慢下来，学会用心去体会吗！

这整本书都试图在传递这样一个信息：慢下来，用心感受！

慢下来，用心感受！从读这本书开始！

最后，感谢在本书撰写过程中所有给予过帮助的人。

感谢程语和杨莉两位心理咨询师的用心解读。

感谢每日微光创始人张伟老师的指导和帮助。

感谢刘一寒编辑的支持。

感谢张雪菲、乔艳锐、刘晔的热情反馈。

后续，我还有一系列的新书要撰写，目前正在撰写一本关于“依赖成瘾”的书。

敬请期待！

● 燕园心理：马泽中

生命，生活，工作，去爱

生活很具体。

你首先要拥有生命，有了生命，才谈得上生活。
生命通过身体来体现，没有身体，生命无法被承载。
因此，为了好好生活，你首先要好好爱护自己的身体。
这就是我们跑步的意义、健身的意义、锻炼的意义。

有了好的身体，我们要去生活，要去工作。
生活的过程就是体验自己的过程。
从出生那一刻起，我们就拥有体验的能力。我们通过用眼看、用耳听、用嘴咬、用鼻闻、用舌尝、用手抓握撕扯抚摸等来体验外在世界，并把这种感受留在心里，以备日后调用。每天，你都需要调动这些感官，不断地把从外界获得的体验送到你的心里。

长大了，你就要去工作。

工作不仅仅是为了养家糊口。

工作，更重要的是去创造我们的自身价值，去创造自己的存在感、依赖感、价值感和意义感的过程。

我们每个人来到这个世界上，总有自己的使命要完成。

这个使命，需要你自己去寻找。这个使命，也有很多线索可寻。

这个使命，有的人早早就找到了，一直在践行；有的人历经坎坷才找到；有的人可能至死也没找到。

这个使命，可以很高大上，比如爱的传播者、美食专家、乐享生活家；也可以平实无华，比如含饴弄孙、安享生活；还可以很纠结，通常纠结的背后藏着一个使命。

纠结，就是使命抛给你的线索，就看你接不接。

如果你不接，那你就一辈子去过纠结的人生。

如果你接了，你调动所有的感官，去体验、去梳理、去疏通、去感受你的纠结，那你的生命会因此不一样。

每个人，完成的使命不同。

同一个人，在不同的人生阶段，也可能完成不同的使命。

自己的使命到底是什么，这需要开启体验，让心来回答。

生活和工作不能完全分开，总是相伴相随。

我们每天的大部分时间都给了工作，因此，我们更需要，在每天的生活中留出时间来专门体验自己，把体验到的感受留在心里，然后，聆听心声，让心给出关于使命的答案。

这更是我每天跑步的意义。

我每天跑步的过程，其实就是跟自己的内心在一起的过程。

跟自己的内心在一起，就是体验自己，给心资讯，聆听心声的过程。

感受由此而生。

当然，如果你的自我觉察能力够强，你可以随时保持觉知，在生活中体验每一个当下的自己。还有，你也可以藉由咨询师的帮助，在心理层面上主动去了解自己以及自己的使命。

我们来到这个世界上，无论拥有怎样的生命体验，无论完成了什么样的使命，其实，我们的主要目的就是去爱——被人爱，去爱人。

我想要被我爱的人来爱，也想要去爱我爱的人！

为了这个目的，许多人在不知不觉中，反而封闭了自己的感官体验，断掉了心灵的给养——体验，去向了纠结。

这本书，试图告诉你，开启体验，开启感受，其实很简单：找一件事，去做，并坚持去做。

● 燕园心理：马泽中

真实、自然、简单、感受和爱

非常荣幸能够跟马老师一起完成这本书的撰写。

写完这本书，我也跟随马老师的感悟，又把自己好好地梳理了一遍。

这个过程中，我重新体验到真实、自然、简单、感受和爱。

马老师的跑步感悟，本来就是他为自己所写，是他每天真实的所思、所想、所感，也是他每天真实地、一个字一个字地写出来的，呈现在朋友圈，送给自己。

朋友们看到了，给了他真实的回馈，藉由回馈，萌生以此为基础来成书的想法。这个想法，经历了很多版本，自然流动，终于成书。这个过程，是真实感受流动的过程。

马老师既是创业者，又是心理咨询师，还是普通人，这样的多重身份，让他既对职场关系有深刻的体验、解析和领悟，又对心灵世界的运作规律谙熟于心，还对现实生活倾注热情，践行幸福。他清楚人们在职场、生活、情感中的痛点，也清楚解决之道。每个感悟，核心、凝练、精华而又生活化。

在编写“芊芊心解”的过程中，我去和哪篇链接呢?

我并没有刻意去挑选，而是根据当时手里有的篇目，按照顺序一个一个去感受、去链接、去写出来。

这样的过程，就是我用自己的身心，去跟马老师的感悟进行链接，让自己的内心感受真实自然地流淌出来。

也许，过一段时间，我的状态有所变化，再看马老师的感悟时，我又会有与写这些文字时不同的感受。

同样的，你从马老师的感悟中读到的，一定跟我的不一样。他从马老师的感悟中读到的，一定跟你的不一样。你们，在读我书写的生命故事时也会产生不同的感受。

过一段时间，你再读，又会与此刻有不一样的感受。

这些不一样的感受，恰恰来源于你能够体会到的和你自己的现实生活连接的那个点。随着生活的流动，随着你对自己的生活体验得越来越深入，这些点也会变化。

而这，恰恰是我们在书写这本书时想要传递给你的。

这其实就是一个仁者见仁、智者见智的过程，其实就是通过别人的生命，来看到自己的生命，通过他人眼中的自己来看见自己心中的自己的过程。

我们需要这样一个相互被照见的过程。

我原本就喜欢书写，这几年也没少写自己。

这一次，跟随马老师的感悟，我又把自己重新在时间轴上好好地梳理了一遍。

以前，我在写自己的时候，看到的都是关于自己的一个一个的小点，它们被我看到后，就散落在心里了。这一次，我把这些零零散散的珍珠捡起来，用时间这条线把它们穿了起来。所以，我写的很多感受里，都有一个长长的时间轴。我会说，我过去是什么样子，现在是什么样子，但我很少去深入到一个具体的事情里去详细描述我是怎样发生变化的。可能因此，你在读的过程中，也会很好奇，我是怎样由过去的样子变到现在的样子的呢。

其实，我就是去写。就像我在“暂停—复盘—继续前行”中写的那样，当我把每一个具体的情绪复盘之后，我就修复了一个点，修复了它，它就被放下了。当我修复了一个又一个点的时候，我就悄然发生了改变。

这个过程调动的是自己的身心，有些需要自己去完成，有些需要在安全的环境下去呈现。在我的生命故事里，我着重描写的都是我自己去完成的部分，还有更多的部分是在小组里、在咨询室里完成的。

所以，你在读这本书的时候，你也可以把你能够想到的都随手写下来，不要管逻辑是不是通顺，把那时你心里冒出来的文字统统写下来就好。写着写着，你会发现，有一些不一样的文字流淌了出来，这时，就是你的人生的不一样发生的时刻，而这些也就变成你的了。

你看，我们，马老师、杨莉老师和我，我们不就是这样做的吗！

马老师，这样一个手把手教心理咨询师们如何去做咨询的督导，不也是这样每天在记录自己的感悟吗，杨老师和我，我们不也是通过记录自己的感受来成长的吗。

你也可以这样做，随时把自己的感受记录下来。

这个记录的过程，不仅仅使你收获了一个个可以放下的点，更重要的是，你其实是在不断地开启你自己的感受，而感受关乎爱。

当你越来越多地感受到自己时，你会发现，生活其实根本没那么复杂。

当我们关闭了感受时，我们就用思考来代替：这个对那个错，这个好那个坏，应该这样不应该那样，他不喜欢我这样做，她们会笑话我……

问题是，真正决定我们行为的，不是思考，而是心。

而心是用来感受的。

用思考来代替心，这是觉得生活复杂的原因。

许多人，包括我，在成长的过程中，为了生存，关闭了感受系统，用思考代替了感受，因此，总觉得要活得深刻一些，活得有意义、有价值一些。于是，花了很多钱，上了很多课，最后发现，原来自己花钱上课就是在一点一点找回自己的感受啊。

每找回一个感受，自己就安稳了一些，随着越来越多的感受被找了回来，我赫然发现，原来，启用了感受，生活变得这么简单而美好。

其实，生活原本就是这样简单而美好。

生活，不需要去想那么多，只需要开启感受，用心去做、去体验，你就会感受到爱，而爱自会引领你去向美好，就这么简单。

这就是生活，只需要用心和行动。就如马老师每天坚持跑步、分享感悟一样。

然而，这样的一个心路历程，只有经历一遍，才能开悟。

“看山是山，看山不是山，看山还是山”，说的就是这样一个过程。

○程语

《陪你“跑”进生命深处》推荐序

今天我隆重向大家推荐马泽中博士的《陪你“跑”进生命深处》这本新书。作为实战派心理咨询专家、燕园心理平台的重要缔造者，也作为我的合作伙伴和兄长，圈友口中的“管理者中最会做咨询的人，咨询者中最会做管理的人”，马泽中博士和大多数心理工作者一样，有着强烈的助人情节。作为“奔跑的荷尔蒙”，他带着燕园心理跑过了十五个春秋。

回顾一下马老师十五年奔跑的心路历程，他用爱心、耐心和责任心，真正践行了“传道、授业、解惑”！

传道：他作为心理讲师，通过言传身教，十五年来培养了200余名合格的心理咨询师，使他们拥有了尊贵的身份！

授业：他作为心理督导师，通过传授基础知识与基本技能，给众多弟子一个谋生的手段！

解惑：十五年来，每年不低于1000小时的临床咨询，他挽救了上千个支离破碎的家庭，让更多的人懂得了婚姻的真谛！

作为“奔跑的荷尔蒙”，他每天的生命都在绽放，每天不低于3公里的奔跑，在奔跑中去思考和感悟人生，并将他自成系统的感悟分享给燕园心理整个团队和他的来访者。真正践行了“以生命影响生命”的理念！

作为“奔跑的荷尔蒙”，他每天坚持读书，每天不少于2小时的阅读时间。所读书目不仅包含心理学类，诸子及经史也多有涉猎。每年不低于1000小时的临床时间，作为一个有情怀的人，他“好为人师”，真正实现了“以心传心”！

借着新书出版的东风，秉承“用心灵温暖心灵，让更多的人因为心理学而获益”的初心，愿更多的人在马泽中老师的陪伴下，跑进自己的生命深处，去探究自我生命的奥秘！

燕园心理联合创始人　陈思危

生命·绽放篇

我的跑步时光

亲们，早上好！

今天，周四啦！需要回顾和反思本周的生活和工作：工作如何？是否开心？

今天，自己坚持锻炼的第211天！时间30分钟，4公里运动！

今天，分享一下：我为什么一直坚持跑起来？

因为，我想知道自己能够跑多远……

因为，我跑步的目标已经不再重要，结果如何，也不再重要！

重要的是，在跑起来的过程中，体验了工作和生活的意义，看见了自己存在的意义！

或许，这才是坚持跑起来的意义！这才是坚持初心的意义和价值！

● 燕园心理：马泽中

芊芊心解　我的跑步时光

对一些人来说，跑步是锻炼，对另一些人来说，跑步同时也是和自己在一起。

也许马老师跑步的最初目的是锻炼身体，但是，因为走心，因为觉知力，跑步就慢慢变成了和自己在一起的时光。

和自己在一起，是清空自己、放飞心灵的时刻，是和自己内心对话的时刻，是和自己深刻链接的时刻，是滋养自己的时刻，是看见初心的时刻，是潜意识给出答案的时刻。

每天的跑步时刻，净化了身体、净化了心灵，看见了自己、看见了别人，看见自己想做什么、为什么要做，看见此刻遇见的人们，看见自己的初心，看见自己的目标，看见自己存在的价值和意义，看见许多许多……

马老师的跑步时光，于我，是遛狗时光以及书写时光。

最开始遛狗，我其实不太乐意，因为觉得时间被占用了，后来发现，遛狗的时刻恰恰是我和自己深刻地在一起的时光。

有时候，我用心感受我对狗的态度：我为何如此宠溺它，不想拒绝它？我为何如此想给它自由，让它奔跑？我为何总是跟随它去它想去的地方？我为何从不骂它，也不让别人骂它？我为何又对它的玩耍请求视而不见？我知道我把它看成了我，我对待它的方式可能也是我妈妈对待我的方式，可我似乎更想知道我到底是什么感受以及这感受对我的影响。最终我藉由这每日的遛狗时光，慢慢懂了自己，也懂了妈妈。

有时候，我又天马行空，在脑子里演绎各种没弄明白的事情，这样想想，那样想想，神奇的是，几乎每一次，内心都会有个声音冒出来，回应我的所思所想，让我恍然大悟。

有时候，因为我总是跟随它，我发现它带我去了很多如果没有它我绝对不会去的地方，遇到了一些有趣的人和事。

我想，我的遛狗时光，很像小孩子的发呆时光，看似什么都没做，其实是在和自己进行深刻的链接。

也许，有时，什么都不做就是最好的做。

至今，我仍然很享受我的遛狗时光呢。

我的书写时光，也是和自己深刻地在一起的时光。

每当我烦躁不安，又很难描述出这烦躁不安背后的情绪，并且搞不清楚这烦躁不安和哪件事情有关时，我就要通过书写去慢慢理出头绪。

我首先描述我的烦躁不安，试图找出对应的情绪，并且去命名。

然后我开始追溯和描述这两天发生的事情。

通常，在描述具体事情经过的过程中，我的手自动就写出了一些不同的话。那是来自我内心的话，在我写完的那一刻，我觉得畅快淋漓，觉得内心清明了很多。

我很喜欢这个“我手写我心”的时刻。因为，你知道吗，有一次，我刚刚写完了一些诗一样的文字，内心很自豪很欣喜，可不小心又被自己弄丢了，我觉得十分懊恼，很想把刚刚的文字重现出来，然而，我再怎么写，都写不出原来的文字了，更写不出原来的感觉了！你看，我们的心也像河流一样，这一刻和那一刻绝不相同。

其实，每个人，都可以找到自己的“跑步”时光，比如，瑜伽、正念、唱歌、做饭，总之，那是属于你自己的独享时光。

你的“跑步”时光，你的“遛狗”时光，你的“书写”时光，是什么呢?

◎ 程语

接纳，活出更好的自己

各位，早上好！问候一下早起的你！
今天，自己坚持跑步的第174天！30分钟，3公里！
北京的秋天来了，一场秋雨一场凉！
十月，北京一年中最好的季节，一起迎来更好的自己！

自己的一生，或许就是接纳自己平凡的过程。
因为，自己，总会在一个群体里，觉得自己很棒。
因为，自己，也总会在另外一个群体里，觉得自己很差。
因为，自己，总会遇到一个人，让自己觉得自己很好。
因为，自己，也总会遇到一个人，让自己觉得自己很差。
一起来吧！努力活出一个更好的自己！
只因，自己就是自己，而不是别人！

● 燕园心理：马泽中

芊芊心解　接纳你自己

最近，我一直在做接纳自己的功课。

过去，我是一个很容易自责的人。

换句话说，我的自责听起来很像对自己的一种高要求，也就是说，期望自己达到完美状态。当然，像许多人一样，我也曾以自己追求完美而自豪。

可是，如你所知，完美是一个幻相，它根本不存在。

自责让我处于低能量状态，却于事无补。

当我开始对自己好奇，向内做自我探索时，我常常听到“接纳”这个词。那时，接纳离我很远。现在，我明白，其实从那一刻开始，我就走在自我接纳这条路上了，因为要接纳自己就得先理清自己有什么，不是吗？

我有什么呢？

一开始，我在倾诉，我的脑子里有那么多待解之惑，我需要先倒出来才知道有什么、对不对。

当我像芈月一样“说够了”时，我闭上了嘴，这时，我居然能够观察到和别人互动时的自己：“哦，我原来是这样说话的”“我害怕这个人”“我好喜欢那个人啊”“我真希望她喜欢我”“原来她对我不感兴趣”“原来我在这件事情里扮演的是这种角色”“我很愤怒”“我有些不开心”……那时，我觉得我的灵魂在距我头顶3米高的地方跟着我，把它看到的我随时汇报给我，我就像看大戏一样每天看着自己的表演。

然后，我回归到自己的内在：每一个起心动念被我捕捉、被我感受、被我剖析、被我追根溯源，以便看清它们来自哪里、和哪些事有关、和谁有关。

然后，我看到：我那么不喜欢我自己，我对自己那么苛责，我指责起自己来毫不客气、毫不吝啬。这吓了我一跳。我如此不喜欢自己，我怎么能够去接纳自己、爱自己呢？不行，我要刻意提醒自己去爱自己。

怎么去爱自己呢？

这对习惯自我苛责的我来说，实在是个大难题。

我被告知有很多方法，比如，吃顿好吃的，买自己喜欢的东西，修饰自己，去玩耍……

我尝试去做，但仅有这些对我来说是不够的，我仿佛想要一些别的东西，对，精神层面的东西。

我跟随我的心，让她引领我：去听文学讲座、戏曲讲座，欣赏音乐会、芭蕾舞，尝试滑雪、跳舞，练习瑜伽，体验香道、芳香疗法，遇见各式各样的人……当我遇到一群热爱心理、热衷于传播爱的有趣有爱的人，当我遇到精油时，我终于觉得心安了，因为我终于找到最能让我心动的人、物和事了，有了它们，我既可以滋养自己也可以滋养别人。

我依然还会习惯性的苛责我自己，我让那个苛责的声音继续：它在责备我什么呢？它来自哪里？它是谁的声音？我听了是什么感受？

每当这个苛责的声音出现时，我很难过，非常难过！

我一一记录下来，用这样的方式和这个苛责的声音在一起，同时也和这个难过的自己在一起（通过感受自己身体的方式）。

有时候，我会体会到身体的不舒服感，我问它：“你想告诉我什么呢？”

我和我的身体，我和苛责的声音，就这样一起待了很多次，一起待了很久很久。

有一天，当我又像以往那样和它们待在一起时，内心突然冒出了一个声音，它说：“我不想苛责自己了，我很好，我在过去的每一刻做的任何反应都是对的！”

这个声音如此有力如此自信，它说：“我欣赏我的存在本身，我的存在本身就值得我欣赏，是的，就是这样，因此，我要好好地活，不辜负生命本身！”

所以，最近两周，每当我又自动滑入自我苛责模式时，我会及时叫停，停止苛责，原谅自己，接纳刚刚表现得不那么让自己满意的自己。

当我停止苛责，接纳这样的自己时，我发现我的日记本上开始有这样的文字：“我对自己感到特别满意”“发自内心地去喜欢，无论喜欢什么，那其实都是在喜欢自己，日益亲近，与自己亲近”“我有一双发现美的眼睛”……

当我终于承认和接纳了那个不完美的自己时，我终于感受到了完整。

当我追求完美的自己时，我要时时小心翼翼，让自己表现得看起来很棒，而恰恰那时呈现的其实是“我没那么棒”，现在，当我以谦卑的心态承认“我其实没那么棒”时，我反而呈现出了最棒的自己。是的，我最棒的那一面就在我承认自己没那么棒的那一刻被激活了！

这就是自我接纳的力量！

当我接纳了那个既有好的一面又有不够好的一面的完整自己时，我就能全力地去向创造——创造更好的生活，创造更好的价值。

程语

放下，是为了迎来

各位，早上好！

今天，坚持跑步的第177天，50分钟，4公里！

今天，以积极平和的心态面对生活，迎接工作……

心理咨询感受：

放下了昨天，也就迎来了更好的今天！

放过了别人，也就看见了更好的自己！

对于生活，或许我们需要把普通的生活过得不普通，才是生活的意义！

对于工作，或许我们需要把平凡的工作做得不平凡，才是工作的价值！

对于人生，或许我们需要把普通和平凡的人生过得有意义、有价值，才是我们人生自我实现的过程！

● 燕园心理：马泽中

芊芊心解　放下，是为了迎来

放下，对我来说，是一个很大很大的功课。

在我眼里，放下意味着丢失、不见了、没关系了、再也见不着了、失去连接。对，放下等于断裂，永失我爱（此刻，泪眼婆娑）、背叛。

你说，叫我怎么能放下！

一路走来，我不仅没有放下过，反而各种捡拾，背了更多。

背了这么多，累吗？

当然累，可是不知道累，直到累趴下。

累趴下，不是去休息，而是找方法让自己站起来继续背。

遍寻无果，最后停在了自我探索、自我成长的这道门前。

自我探索、自我成长，就是对自己好奇：好奇自己的心里装了哪些东西，这些东西是怎么被装进来的，它们对自己有用吗，有什么用处，哪些该丢掉、哪些该保留、哪些该更新。

因此我反复做着下面的这两个动作。

第一步，清理家底，看看自己的内心都有些什么。

这个动作翻出来的，要么是周围关系里的碎碎念，比如，那些和朋友闺蜜一起吐槽的理不清、剪还乱的事情；要么是自己怕被负面评价，因而对他人的臆想臆测；要么是某个情景再现，无意识启动防御，自己吓唬了自己；要么是……这个动作会翻出来很多很多……

第二步，厘清关系。

在这些碎碎念的关系里，哪些是自己的，该自己负责；哪些是别人的，该别人负责；哪些是老天的，交给时间去负责。

这一看，不得了，原来我拿了别人的东西，比如，别人的要求。

每当别人跟我吐槽他的生活时，我就能从他的吐槽中提取出要求点，不是尽我所能地去满足他，而是尽我的生命之力去满足他，而从未向他核实："这是你吐槽的目的吗？"

想想看，我如此用尽洪荒之力地把别人的要求都背在我身上，我能不累吗！

我赶紧把一路捡来的别人的要求一一卸下来，还给他们。

把别人的要求还回去，感觉烦心事少了很多，人也清爽了许多，时间一下子宽裕了很多。这种感觉真好！

我用这些多出来的时间，去深入学习心理学原理，并把这些原理用在自己身上。

心理老师说，遇到事情，我们都会有自动化反应，这时应该慢下来去观察自己的自动化反应。于是，我就刻意提醒自己随时观察自己冒出来的一个个自动化反应。

“我那时对他那么好，他现在也该对我那么好才对呀”，当事与愿违时，我自动这样想。

“我只有努力做到很棒，他才会喜欢我”，当我想被我认可的权威喜欢时，这样的念头自然冒出来。

“我得先变得像他那样好，我才有资格靠近他”，当我想靠近一个我喜欢的人时，我不是靠近，而是先这样想。

要去一个我从未去过的地方时，我第一反应是“我能安全回来吗”。

天快黑了，我第一个反应是“赶紧回家”。

遛狗时我看到了一个小土包，我第一秒就联想到坟包，因而生出了恐惧之心。

唱歌跳舞？我五音不全唱不了，我笨手笨脚跳不了，于是，我从不碰唱歌跳舞。

要开运动会？我跑得不快，我运动能力不协调，所以，我只当运动场上的观众，直到我有一次长跑的成绩很不错。

……

我用这样的方法，检视了我内心中的信念，看看它们是如何限制我、欺骗我、吓唬我的，我把它们一一揪出来，抛弃、置换、更新，去做我从前认为我不擅长或不可能做到的事情，让丰富多彩进入我的生活。

我如法炮制，把我的情绪检视了一遍，我看到了每个情绪背后的动因，放下，让自己做个不为情绪控制的内心自由的人。

当我放下了很多原有的东西，又迎来了很多新的东西时，我终于要去放下那个一直跟着我的、让我最难最难放下的执念了：我想要一个开心的妈妈来爱我！

这个执念里，有两层含义：我要做些事让妈妈开心；妈妈开心了，就会来爱我。

当我意识到我那么那么想让妈妈开心，妈妈的开心对我那么那么重要时，我没法放下啊！

我可以放下让妈妈来爱我，但是我无法放下让妈妈开心这件事（此刻，超级泪崩）。

仿佛放下了让妈妈开心这件事，我就丧失了活着的意义，而这让人恐惧，恐惧至死！

如此看来，仿佛妈妈保持不开心的状态对我很有意义！

那么，我是真的想让妈妈开心吗？

仿佛做些让妈妈开心的事，是我习惯的、擅长的和妈妈之间的连接方式，如果这个连接方式都没有了，我和妈妈之间还有什么关系呢？

我害怕和妈妈没有关系，我害怕和妈妈没有连接！

事实真的是我怕的那样吗？

不，不是的。

我只是还没有发展出和妈妈建立连接的新方式。

如果我和妈妈之间建立了新的连接方式，我就自然而然放下了"让妈妈开心"这个执念，也许，那时，我才真的可以拥有一个开心的妈妈。

你看，要放下的那些信念，是昨天的。只有放下了昨天的那些信念，新的信念才会在此刻入驻，才会在此刻产生新的行为模式。

此刻的放下是为了迎来。

在生命的长河里，放下、迎来，又放下、又迎来……这才是生命本该有的样子——流动的样子，不是吗？

◎ 程语

完善你的自我支持系统

各位，周末早上好！一起来锻炼吧！
今天，坚持跑步的第178天，60分钟，5公里！

今天，以积极平和的心态开启自己的一天……
让自己的生活丰富些！
多一些自我支持系统的支持点！
多一些自我成长的丰富元素和给养！

● 燕园心理：马泽中

芊芊心解　完善自我支持系统

如果你遇到了困难，想找人商量一下，你会找谁呢？

我第一次意识到这个问题，是当我在向同事寻求帮助时。她最后说“你应该和你爱人好好商量一下！”我当时就愣住了：“哦，我要和他商量吗？我从未想过哎！”是的，我从未想过要和他商量这件事，尽管这事与他有关。

在我的内心深处，我总是独自解决问题。当我自己解决不了，需要找人商量，把不确定因素变得可控、可接受或可确定时，我首先想到的是找朋友商量，而不是找家人商量。

也就是，如果要让我回答这个问题，我会卡住，很难找到一个具体的可以求助的人。

“为什么会这样？”这个疑问种在了我心里。

在燕园心理马泽中博士的团体心理动力成长小组上，有一次，我体会到我的挫败感，小组一结束，我谁也不理的第一个离开了活动室。下一次的小组，有个组员反馈说她那时其实很想抱抱我，可是感受到我很拒绝，她也不敢来抱我了，马老师说：“她一直就那样。”

“我一直就这样？”我咂摸着这话的意思。

我一直以我的坚强和独立而自豪：我努力解决问题，我独自解决问题，越是处境艰难我越是坚强，仿佛要向别人说，你看我多么厉害。

然而，有一天，我那么痛那么痛地领悟到：我从小就要这样去独自面对问题、解决问题，咬牙坚持，不找人帮我，是因为父母为了让我能好好活着（吃饱穿暖），他们已经用尽了全力呀！我的情感需求，他们非但不知道如何去支持，可能还会唤醒他们未被满足的、痛苦的情感体验，因而屡屡打击我的情感需求。此刻，我都能感受到那个小女孩咬牙坚持的模样。

你看，我没法得到他们的情感支持，我只好坚强、独立，最终变得只会坚强、独立。

我如此坚强，是因为我觉得我的脆弱无人看见、无人抚慰。

我如此独立，是因为我觉得没人可以依赖，没人可以支持我。

这就是我没想过要和老公商量的原因吗？

这也是当我感受到挫败时切断联系快速离开的原因吗？

挫败被人看见是件丢脸的事，我要独自解决，我要独自面对。

在甘劼老师的OH卡牌小组里，我根据卡牌的牌面讲了一个小女孩潜水时慌乱无助的故事，甘劼老师一针见血地指出，我的旁边一直都有人，我只要求助就好。我这才发现，在我讲的故事里，以及我在三亚潜水时的故事原型里，鱼钩所代表的人，以及陪潜的人一直都在，而我却忽略了他们，以为我是在独自面对。

所以，那些想要给予我支持的人，他们一直都在。

可是，那一刻，我以为他们“不在”。

是的，那一刻，对我来说，我太需要他们“在场”，可是，那一刻，对他们来说，也太难了：对事，他们完全不知道该怎么处理；对自己的情感，他们也不知道该如何面对；对我，他们就更无暇顾及，更不知道该如何“在我的场”里。

于是，我就带着我所受到的伤、我以为的他们的“不在”，开始了我自己的坚强、独立、孤独的人生之旅，我倔强地说“不要”“不要”“不要”，然后还自怨自艾，觉得自己可怜。

意识到这些，当再有朋友想“给”（礼物或关心），而我本能想说“不要”的时候，我赶紧按下“暂停”键，先让“要”有机会出来，然后去体会对于“要”的“不配得”感，慢慢告诉自己我“配得”；当我重建了“配得”感，我不仅“要”的坦然了些，而且也能主动“去要”而不再担心对方给不了怎么办；更重要的是，我不再会那么急切地想还回去以便两不相欠，而是让这种“给予”和“接受”的能量自然流动。

所以，支持我的人，一直都在，我只要过了自己这关，去求助就好了。

我慢慢知道，这叫一个人的支持系统。

我们每个人都有三类支持系统，当我们遇到困难和挑战时，这三类系统可以帮助我们渡过难关。

第一个是自我支持系统。包括个人的内在品质，比如勇敢、坚强、耐心、自信和积极的人生态度等，当遇到困难和挑战时，首先是自己的这些品质在起作用。

第二个是家庭支持系统。包括父母兄弟姐妹。一般来说，当我们需要求助时，首先会想到他们。这一点，我必须说，我要向我的女儿学习，她把妈妈这个支持系统用得十分精妙。

第三个是社会支持系统。包括朋友、同学、老师、同事、亲戚等。

这三个支持系统，是有次序的，后面的支持系统建立在前面的系统之上。

也就是说，当遇到困难和挑战时，必须是先启用第一个自我支持系统，然后启用第二个家庭支持系统，最后启用第三个社会支持系统。

当自己的内在品质更加丰富多样时，就比较容易启用家庭和社会支持系统，甚至发展出更有品质的社会支持系统，从而获得心理上的健康和事业上的成功，反过来这又可以促进一个人的自我支持系统。

我的这样一个向内自我探索的过程，其实就是在挖掘我身上的内在品质。

这个挖掘的过程并不只是让你看见你有这样一个内在品质就够了，而是要让你看到这个内在品质在你身上是怎样发挥作用的，怎样影响你的工作和生活的，更重要的是，要让你看到，它是怎样形成的，那是真的吗，事实是怎样的。

当你真正了解了自己这个内在品质的过去和现在，你就更能让这个内在品质在未来绽放光彩。你看，因懂得了我的坚强和独立，我就同时也拥有了脆弱和依赖的能力，“给予”与“接受”有了平衡的可能，生命因此而完整。

更重要的是，你还会挖掘出新的内在品质。比如，以前的我，执着于我自己，想的全是我自己，现在，当我感受到我是如此这般的执着于我自己满足自己时，我慢慢理解了和我类似的人，又渐渐理解了那些看似和我完全相反的人（本质上和我一样，只是表现形式不同而已），也理解了那些真正有创造力的人。当我的觉察力、同理能力越来越深入时，原谅、宽恕、慈悲的品质渐渐升起，我原谅我自己、我宽恕我自己、我对自己慈悲，因此，我原谅一切他人、我宽恕一切他人、我对一切他人慈悲。

生活总是如此艰辛，向内探索，去了解自己的内在品质，让自我支持系统的支持点再多一些，让自己的生活也更加丰富些！

程语

幸福的秘密

亲，早上好！新的一天，开启更好的一周！

今天，坚持跑步的第180天！30分钟，3公里+锻炼！

今天，开启工作和生活的大门，一起坚持自己的道路，继续努力前行。

意义和价值就在脚下，一起追寻内心，对远方、希望和梦想进行探索……

幸福的秘密是什么？

金钱不会让我们幸福。

幸福的关键是，我们是否活在爱的关系里。

所以，一个人的成就，不是完全以金钱衡量，而是一生中，你善待过多少人，帮助过多少人实现梦想，有多少人怀念你。

生意人的账簿，记录收入与支出，两数相减，便是盈利。

人生的账簿，记录爱与被爱，两数相加，就是成就！

我们的一生为此做了些什么？

• 燕园心理：马泽中

芊芊心解　幸福的秘密

幸福到底是什么？到底怎样才算幸福？

我问过自己千百遍。

金钱，能让我幸福吗？

功成名就，能让我感到幸福吗？

大房名车，能给我幸福吗？

我需要金钱来过日子，不至于捉襟见肘，但我似乎不需要那么多。

我需要用功成名就来证明自己，但是，我似乎仍能感受到功成名就后的孤独和落寞。

我需要房子安定下来，我需要用车子代步，但似乎不需要那么大、那么豪华。

从小到大，我一直有一个深藏内心的愿望，就是，希望全家人能围在一起吃饭，像别人家那样闲话家常。

然而，我的父母总有干不完的活。早上我醒来时，他们在干活，晚上我睡觉时，他们在干活，半夜我醒来时，他们还在干活。

我只好眼巴巴地等啊等，一直等到不耐烦，我开始寻找答案。

我想要家人聚在一起的温暖感觉。

我想要放肆地跳，毫无顾忌地闹，想哭就哭。

我想要撒娇，我想要被宠爱。

这是一个小女孩想要的幸福。

我想要被父母认可，说我是他们的骄傲。

我想要被老师表扬，说我是他们喜欢的好学生。

我想要被同伴认可，说我是他们中最能干的那个。

这是一个少年想要的幸福。

我想去远方求学，去遇见不一样的人、不一样的思想、不一样的观点。

我想遇到我喜欢的人，发展出一段投入的亲密关系。

我想通过努力工作，实现自己的社会价值。

我想通过给父母钱，告诉父母，你们再也不用那么辛苦了。

这是一个青年能想到的幸福。

我组建了自己的家庭，有了可爱的孩子，买了自己的房子，拥有了自己的车子，还有了稳定的积蓄。我应该感到幸福，可是，幸福究竟在哪里呢？

我再次去寻找幸福。

我先找到了我自己，这花了我很多时间，费了我很大的劲。

我先清理掉各种枯枝落叶，找出我的每一个感受，经由每一个感受，去和我的心链接。每链接一次，既有刻骨铭心的痛，又有褪了一层皮一样的轻松。我越是向内接近我的心，我就越是能够向外多多地去感受。

因为感受到我的痛苦，我理解了别人的痛苦。

因为感受到我的悲伤，我理解了别人的悲伤。

因为感受到我的愤怒，我理解了别人的愤怒。

因为感受到我的羞愧内疚，我理解了别人的羞愧内疚。

因为感受到我的开心，我理解了别人的开心。

因为感受到我的喜悦，我理解了别人的喜悦。

因为感受到我的刹那间的幸福，啊，原来这叫幸福，我感受到了幸福。

我心里有满满的爱，我看着你，满眼都是爱！这种爱，你感受到了，我知道！

原来，幸福和爱有关！

当我理解了你，我就是爱了你，你和我都感受到幸福！

当我支持了你，我就是爱了你，你和我都感受到幸福！

当我鼓励了你，我就是爱了你，你和我都感受到幸福！

当我善待了你，我就是爱了你，你和我都感受到幸福！

当我帮助了你，我就是爱了你，你和我都感受到幸福！

当我……了你，我就是爱了你，你和我都感受到幸福！

我慢慢想起，我中学时写的那篇名叫《我的理想》的作文里，我说我想当个老师，虽然教的内容相似，可是听课的同学是不同的，这让我觉得开心。然而，当我大学毕业时，我拒绝当一个教课程的老师，因为，我想要一个平等的思想交流。现在，我明白，我要的是感受层面的交流，而幸福经由感受产生。

幸福在感受中，幸福在爱中，这才是幸福的秘诀。

我找回了我的心，我的心带着我的感受、带着我的爱，和我一起回来了！

程语

生命的本质

各位亲，早上好！
今天，开启新的一天！新的一周！
今天，自己坚持跑步的第187天，30分钟，4公里！
今天，向着目标，迎着太阳，继续奔跑吧！

生命的本质在于体验人生的过程！
再忙，有些事情依旧需要体验、需要坚持。
在体验的过程中，不断调整，不断成长！
一起来体验吧！

● 燕园心理：马泽中

芊芊心解　生命的本质

生命的本质是什么？我不知道。

我每天忙忙碌碌，像个救火队员，急着解决这个问题、那个问题。

我每天急急呼呼，马不停蹄往前奔，却不知道目的地在哪里。

我像个陀螺，不停地转啊转，怎么也停不下来。

我像个战士，手拿刀枪，随时准备战斗。

我忙，我急，我转，我战斗。

我也要求别人像我一样忙、急、转、战斗。

我的父母，起得比鸡早，睡得比狗晚。

小时候，我每天睁开眼，满眼看到的都是父母忙碌的身影：母亲连饭都没时间坐下来好好吃，总是一边急急忙忙担着担子去挑水，一边拿着饼顺便填饱肚子，父亲永远都在土地里忙碌。

初中时，单程至少1.5小时的路程，我每天匆忙用脚丈量。

高中时，我住校，班主任的核心理念就是"快"：每天早上，他站在教室门口查看，住宿的同学是不是比走读的同学来的晚，如果他觉得你来晚了，你就要被修理。那时，我的每一天也都在匆忙中度过。

我想，我走路很快、骑自行车时也总要超过前面的那个人，可能就是在这样的环境中养成的吧。

有了孩子，我也这样要求孩子。可孩子却不买我的账。

直到我遇见燕园心理马泽中老师，我才慢慢停止忙碌、着急、转圈和战斗。

我并不是一下子就停下来的。

最先，我不停地诉说。在诉说的过程中，有一天，我突然感受到"原来我是这样的"，那时，我第一次看见了我自己。

接着，我居然能识别出我的情绪了：嗯，这个被我过去笼统称作"不舒服"的感受里，有个叫"愤怒"的情绪，好像还有个叫"委屈"的情绪。

对，这是一个里程碑式的事件。我清晰地记得，那一刻，当我从以前被称为“难受”的状态中分辨出愤怒、委屈、担心时，我激动的心情。

然后，我开始进入到我的情绪里面，去看每个情绪背后的那些东西：我很愤怒，发生了什么事？什么事让我愤怒？我愤怒的原因是什么？愤怒背后的情绪又是什么？这愤怒想要表达什么需求？一一回答了这些问题，类似的愤怒就消失了。

在梳理情绪的过程中，我发展出了一个神奇的功能：我居然能边吵架边想“嗯，她说得也有道理呀，那我为啥生气呢”，我这样想着我就这样说了出来，最后这架居然吵得皆大欢喜。

在皆大欢喜的吵架中，我看见了自己的情绪，看见了老公、孩子的情绪，看见了其他人的情绪。

慢慢地，当我开始有情绪想吵架的时候，我就叫停我自己，用书写去处理自己的情绪！

当我用书写处理自己的情绪时，我就不再对外诉说，而是全然地和自己对话。

是的，我的目光全然地看向了自己。

看自己，其实就是把自己放在关系中去感受去体验，这很让人安心。

我慢了下来，通过书写情绪，认识了一个又一个不一样的自己。我赫然发现：原来，我是那么丰富、那么立体的一个人，我有那么多的面。我多么高兴认识她们啊。

我慢了下来，我看见：每个人都是独立存在的个体，我是、爱人是、孩子是、其他人也是，我们都是独立的个体！

我慢了下来，我发现：原来，我老公一直都在包容我，倒是我一直在折腾。

我慢了下来，我发现：原来，我女儿一直很棒，倒是我一直在挑刺。

我慢了下来，我发现：原来，我的父母、弟弟、妹妹，他们其实一直都很爱我，倒是我一直在证明。

我慢了下来，我发现：每个人都一样，有可爱、热情、善意的一面，也有阴影的一面。

我慢了下来，我发现：花草很美，狗狗猫猫超可爱。

生活原来是这样的有爱，有爱的生活一下变得多姿多彩！

我因为慢了下来，因而体验到生活中随处可见的爱，我的生活也从单一模式变得有了许多的可能性。我也不断尝试让新认识的自己来主宰、创造自己的生活。

这种感觉很美妙！

也许，这就是生命的本质吧：慢下来，去体验。

程语

人生的加减乘除法

亲，今天问候早安！

开启更好的自己！

今天，自己2018坚持跑步锻炼的第257天！时间42分钟，跑步5.2公里！

今天，看见自己。

2018送给自己和你：时间管理—自我管理—自我学习—身心健康—人生价值。

目前的工作和生活，在不断学习做加法的同时，更要学会做好减法！

在不断寻求工作和生活的乘法时，也更要有决心做好除法！

2018，整合活法：对于自己的工作和生活，一起更好地开启加减乘除法的人生组合！

无论结果如何，这个加减乘除法的奋斗过程，或许才是真正的人生意义和价值！

● 燕园心理：马泽中

芊芊心解　人生是道算术题

有一次看《非诚勿扰》节目，嘉宾是一位数学家，他说，数学的威力非常巨大，可以解决生活中的大部分难题，甚至可以通过计算找出一个合适的伴侣。这顿时引发了我的好奇心。虽然，最后他说这只是一个玩笑话，但还是让我想到，数学的思维的确很强大，在牛顿的时代，人们就尝试用数学原理去解释世界运行的规律。虽然，生活不是一道简单的数学题，但却饱含了数学的哲理。

一、你的生活中处处是加法吗？

生活中，我们做加法的时间最多。

小时候努力学习，终于成为名牌大学毕业生；上了大学要更加努力，因为就业的竞争更激烈；好不容易进入一个好工作，必须要天天加班，因为上升的竞争很激烈；到年龄了，也不一定敢生孩子，因为一不小心就可能失去工作；就算保留了工作，养孩子的成本如此之高，只能再努力一些，再多赚一些，过两年再说吧……

3岁的孩子开始学钢琴，因为可以培养艺术修养；4岁的孩子需要学游泳，因为可以锻炼体魄；5岁了，该学英语了，再不学就错过语言期了；7岁了，奥数必须得加上了，名牌大学都是需要竞赛的；9岁了，作文也得去补补，阅读也不能落下，社会实践也很重要……

加法为我们的生活不断赋能，让我们的能力更强，对生活有了更多的掌控，可是如果全部都是加法呢？

二、忙碌的时光中不可缺少"减生活"。

一个曾经生意很成功的朋友说，他之前一直在为生活做加法，直到前两年他做了心脏手术。出院后，他开始明白自己之前有多焦虑，又有多自大，总以为自己什么都能做好，终于把自己压垮了。现在他才明白，要给生活做减法，没有了身体，什么都是零。

一个闺蜜前两天分享，她之前一直想做个好妈妈、好妻子、好员工，什么都想做好，感觉生活得非常沉重，但是她觉得自己放不了手，否则家里就乱套了。她的改变是从自己有次重感冒，躺在床上实在起不来，但发现家里并没有乱套开始的。那时她认识到要给自己的生活减负，这是对自己的负责，同样也是给予家庭成长的机会。

我的减法生活也有很多：定期清理家里的衣柜，把不穿的衣服及时打包进行处理，让衣柜变得更整洁；以前，一去超市就会买很多东西，现在，可买可不买的，就不买，减少资源的浪费，也让生活变得更简单；在生活中学会拒绝，集中精力去做自己喜欢做的事情。这些都让我的生活越来越轻松，越来越简单。

生活中做减法必不可少，很多时候，做减法比做加法更难，因为它直接相关于“舍弃”。

三、乘法会让我们的生活插上乘风破浪的翅膀。

说到乘法，我首先想到的是关系。

六度空间理论告诉我们：“一个人只需要通过六个人就可以认识这个世界上任何一个陌生人。”这让我们充分感受到关系的几何级增长的威力。

那大家有想到过自己和别人、和这个世界的关系是怎样的吗？

有的人会把这个关系定位成一种疏离的关系，所以这些人会更注重单打独斗，

也许他会不断发展自己某个方面的能力，但却很难借助周边的资源。

也有的人会把这个关系定位为一种激烈竞争的关系，所以处处防备、毫不相让、互相拆台，自己生活得很累，还破坏了关系，失去了很多资源和发展机会。

如果我们把关系定位为一种友好的、合作双赢的呢？这就会让我们更加带着一份真诚和善意去和别人相处，也更容易看到彼此的优势和资源，并能把这些资源进行最大的优化整合，让它在我们的生活中发挥出更大的威力、创造出更大的价值。

生活并不是1+1的简单相加，多一些乘法思维，会让我们的生活增加更多的可能性。

四、有时，生活也需要痛下决心做个除法。

一个女性面对出轨的老公，纠缠十几年，处于相处不能、分手不行的痛苦中，只因她深深地恐惧离婚带给孩子的巨大伤害。终于有一天，她离婚了，却发现，天并没有塌下来，虽然痛苦，但却有一种从未有过的轻松和希望。

一边是高薪稳定却没有什么发展空间的国企，一边是刚刚创业薪金不高却可以成为创始人的私企，这确实让人左右为难，但停在原地长久纠结只能带来耗竭，只有做出选择，才有下一步进展的机会。这时，我们只能多一些干脆的除法。

人生就像一道充满了无限变化的算术题，需要我们在不同的情境下采用不同的方法进行处理，这更需要我们不断成长，丰富自己的工具库，整合好自己的人生，让生活充满更多的可能性。就像马老师说到的：“无论结果如何，这个加减乘除的奋斗过程，或许才是真正的人生意义和价值！”

杨莉

拥有更好的生命质量

各位亲，早上好！

小小的目标：65kg！目前66.8kg！已经看到希望了！继续加油哦！

今天，不适合室外活动，那就改为室内运动！

今天，自己坚持跑步+运动的第191天，40分钟，5公里！

今天，为了自己更好的生活质量，也需要自己有更好的生命质量哟！

一起来努力锻炼一下吧！我在这里等你……

加油哦！

● 燕园心理：马泽中

芊芊心解　活着，还是，绽放

昨天我又在想，如果再做一次墓志铭练习，我会在我的墓志铭上写什么呢？

“苦过，痛过，活过，绽放过，此生足矣！”内心给了我这样的答案。

我很满意！“苦过，痛过，活过，绽放过”，多好！

然而，我第一次做这个练习时，我写的是“这里躺着一个好妈妈、好女儿！”

那时，如果你要问：什么是活着？什么是绽放？我会觉得你很奇怪：这有什么好问的？每个人不都是在用同样的方式过完这一生的吗？

长大、读书、上学、工作、结婚、生孩子，等着孩子长大、读书、上学、工作、结婚、生孩子，自己慢慢老去，再给孩子带孩子，同时伺候自己的父母，最后，死去。

每个人不就是这样过完自己的一生的吗！

还能怎样过？

可是，自从我遇到心理学，参加了燕园心理马泽中博士的团体心理动力成长小组，我渐渐意识到：过去，我只是活着，但是又那么不甘于活着。我总想做点什么让自己的人生不一样，可是又不知道该做些什么，如何做！

心理学家荣格说：你的潜意识指引着你的人生，而你却称其为命运。

过去，我就活在我的潜意识中，活在我的苦痛里，被生存焦虑追着跑。

我不能停，停下来就意味着死亡。

可是，现实中，我真的有那么强烈的生存焦虑吗？

当然没有。我甚至还被羡慕呢。

可是，我的潜意识里的确有很强烈的生存焦虑。

当我觉察到我的节俭、我的只会干活、我的不允许自己放松、我的……尤其是有一天，当我感受到，我父亲挣钱的目的不是为了过更好的生活，而是为了把钱存起来，为了看到存折上那个数字时的安心感时，我突然就明白了什么叫做“活着”。

“活着”的对面是“死亡”，“活着”意味着“不死”，不能“活着”就意味着“死亡”。用“活着”做指导的人生，潜意识的指令都指向“活下去”的状态，即使实际上你完全可以“活得更好”。

专业一点的表达是这样的：“活着”就是过一种未经检视的生活，被潜意识这个推手操控，一遍又一遍地重复着自己在六岁前形成的模式，直到生命终止。也就是说，你一直在重复你六岁之前的模式，从无突破。

是不是有些想冒冷汗？你的一生如何过竟然全部依赖你的童年。

我六岁以前的模式是求关注。

对于小孩子来说，没有关注就等于活不下去，无法唤醒父母的关注就是活不下去。

你看，这是多么深刻的生存焦虑，关乎生死，多么痛。

求关注，就要折腾，折腾是为了让人看见。

所以，我不介意吃喝住行，我只介意是否被权威看见。我的努力就是为了被权威看见，因为我的内心一直住着一个渴望被父母看见的六岁小女孩，我的人生被这个住在潜意识里的小女孩操控。

荣格同时还说：当潜意识被呈现，提升到意识层面，命运就被改写了。

如果不曾检视到这点，不管我的生理年龄有多大，我都会被内心的这个六岁小女孩操控，而无法活出其他年龄段的风采。

多么幸运，我内心那个小女孩的生存焦虑被我看见了，我看见了她的苦、她的痛，安慰她、陪伴她，同时告诉她：她长大了，很安全。

这个看见她、安慰她、陪伴她、告诉她的过程，就是让潜意识呈现，并被意识接收的过程。

当内心中小孩的生存焦虑被意识看见时，我就不再为生存焦虑而活，我为生命本身的绽放而活。

让生命绽放，也许就是：对自己的生命做过检视，看见了内在那个受伤的小孩，去陪伴她、安慰她、呵护她、理解她、支持她、倾听她、鼓励她，直到她从长大后的你这里得到足够的关注和爱，直到她感到安全。如此，你才能不再分神照顾她、安抚她，你才有精力去想：我是谁？我从哪里来？我要到哪里去？以及，我到底想要什么？我到底想要经历怎样的人生？从而为自己的生命做出主动的选择，让生命经历丰沛和绽放。

这个过程并不容易，要经历痛，要经历黑暗，要经历伤心难过，要经历那个自己不想看的自己，要经历……总之，需要你的勇敢。

然而，这是值得的。

我经历了这个过程，回头望时，其实也没那么可怕，所有的可怕都源于幼小自己的想象。

"苦过，痛过，活过，绽放过"，我知道我正在绽放属于自己的生命种子。

何其幸运，真是幸运！

◎ 程语

心怀敬畏

亲爱的，早上好！

今天，自己2018坚持锻炼的第283天！室内锻炼时间30分钟，5公里！

昨天，喜欢晚上美丽的月亮！

今天，早晨起来，平和一点，坦然一点，笑对自己今天的工作和生活！

今天，看见自己。

昨天晚上神奇的月亮，让我看到了自己人生所不知道的很多东西！

其实，对于自己不知道的，不代表ta不存在！

对于自己知道的，不代表就是真的知道！

今天，心怀敬畏，投入自己的工作和生活！

让自己的生命自然而然的、本能的流淌和生长！

● 燕园心理：马泽中

芊芊心解　心怀敬畏

心怀敬畏是一种怎样的感觉？

对真相的敬畏，让我慢慢放下自以为是的狂妄，带着一颗谦卑的心，告诉自己：“不要妄下评判，其实很多时候你并不知道真正发生了什么。”它让我在面对每一个生命时，愿意放下心中的评判，带着一份耐心慢慢去了解、去发现，让我离真相更近；它让我内心更加清明，不被偏见所蒙蔽。

对生命的敬畏，让我越来越清楚：我们的身体陪伴自己一世，并不只是我们可以任意使用的工具，更是自己最亲密的朋友、最忠诚的伙伴，在生活中好好爱护ta，不要任意的盘剥ta、忽视ta，就是好好地爱自己，就是对生命的尊重。

同时，每个生命都不同，都是独一无二的个体，生命最大的意义就是去经历，去活出自己想要的样子，任何人都没有权力横加指责、决定他人的生活。它让我对自己、对他人都多了一份理解、多了一份尊重、多了一份宽容、多了一份自由。

对生活的敬畏，让我愿意带着一颗接纳的心，去坦然接受生活中所发生的事情。无论悲欢喜乐、无论我愿意与否，很多事情都有它自然运行的规律，这就是最大的真相。那又何必非要与事实对抗？天地自然，无常便是有常，尊重、接受便是一种从容、便是一种敬畏。

对世界的敬畏，让我越来越接受了自己的有限性，放下想要知晓一切、了解一切、掌控一切、做好一切的野心，告诉自己：“宇宙宏大、时光湍远，很多事情，我们当下就是无法了解、无法参透；很多事情，我们就是无法做到完美，我接受这一切，我所能做的只是看清当下的现实，好好努力，做好当下的事情，结果随缘。”

心怀敬畏，是一种安守、是一种接受，是一份尊重、是一份理解，更是一份从容、一份坦荡，它让我学会了放下过去和未来，也学会了更好地珍惜现在！

杨莉

人生的意义和价值

各位亲，问候你，早上好！新的一周开始了！

今天，自己坚持跑步锻炼的第194天，30分钟，4公里！

坚持跑出一个属于自己的生命质量！

今天，分享一下：

我甚为认可，人生就是各种体验的集合，人生的意义就是宏观的进化、微观的精进！

人生的价值在于自己所服务的社会及他人的多少，在于自己为社会及他人贡献的多少。

今天，一起动起来！做点为己为人的、积极的、开心的、有价值的事情！

今天，祝福和期待：我们一起在未来的人生道路上，真心以待，把生命的热情投入到自己喜爱的事业和人生中，让生命的意义和价值闪闪发光，越来越好！

● 燕园心理：马泽中

芊芊心解　只有你自己，才能赋予你的人生以意义

人生有意义吗？这是个哲学问题，同时也是心理咨询师的基准和日常。

当我作为一个来访者，对心理咨询师大谈我认为的那些人生意义时，这个咨询师说，人生没有意义，就如花花草草，猫猫狗狗，好好活着就好。我本能地不同意她，尽管我没有反驳。

人生怎能没有意义！

我是70后，在那个物资匮乏的年代，我父母勤劳又辛苦，每天不能好好地吃一顿饭、喝一口水，整天在地里侍弄庄稼，奔日子。可是，同在农村，有一些人却不想出力受苦，只管自己吃喝玩乐，不管家人辛苦；另一些人，悠闲地喝茶吃饭，生活过得很舒坦！幼小的我对此很不理解：为什么他们可以而我们却不可以？当然，我更困惑：吃吃喝喝玩玩乐乐的人生究竟有什么意义呢？

我的意思是，我不知道他们那样活着，究竟有什么意义！

当然，我也是在问，我们这样辛苦地活着，又有什么意义？

小的时候，我最爱听我妈妈讲我舅舅、表姐，还有那个音乐学院教授的故事，他们有一个共同特点：有知识、有文化，生活在一个和我们不一样的世界里，为社会做着更大的贡献。我也想成为这样的人！我觉得这样活着才有意义！

我学到了很多知识，去到了他们的世界里，可我还是觉得我做的事情没有意义，我也不知道我做些什么事情才算有意义！

“人到底怎么活着才有意义？”搞清这个问题变成了我人生最重要的意义。

另一个咨询师，马泽中老师，他没有纠正我关于意义的思考，而是，一边帮我看到我过去生活中的每件平凡事情的意义所在，一边鼓励我赋予自己未来人生以意义，同时做好当下该做的事。

他让我明白：生活本身没有意义，但生活的意义可以自己赋予，人希望活出意义，人追寻意义，这恰是人与动物的区别。

他提醒我，我要是不找点事情来做，我就会去折腾别人。好吧，与其折腾别人，不如找点有意义的事情来做。

于是，我在做好当下事情的同时，去尝试做些不同的事情，以便于体会究竟做什么事情才会让我觉得有意义。我发现，那些让我觉得有意义的事情，会让我觉得有价值感、有成就感。

在这个追寻人生意义的过程中，我不断描摹出我未来生活的蓝图，并践行着。

我也慢慢明白，那个说“人生没有意义”的咨询师，她说的也没错，她其实想告诉我要活在当下。

并且，有意义和没意义，其实是一回事，不是吗？

当我终于明白这点时，我知道我过去受苦的意义和价值所在，我也知道我未来生活的意义和价值所在。

我明白我这一生终将不白活，我糊涂地来，我终将明白地去！

我终将可以说，我体验了属于自己的独特人生，我为社会做出了我的贡献，我完成了我的生命价值，我有过不开心，但我最终很开心，因为我终于绽放！

如此！

程语

别急，一切都刚刚好

今天，早上好！
自己坚持跑步的第165天！50分钟，6公里+锻炼！
看见自己的意义和价值！坚持自己的道路和人生！
内心的自己无须更多地活在别人的嘴里和眼里！

今天，分享一下美国朋友的一段话。
很火的一首小诗，写得甚好！我很喜欢。
纽约时间比加州时间早三个小时，但加州时间并没有变慢。
有人22岁就毕业了，但等了五年才找到好的工作！
有人25岁就当上CEO，却在50岁去世。
也有人迟到50岁才当上CEO，然后活到90岁。
有人依然单身，同时也有人已婚。
奥巴马55岁就退休，特朗普70岁才开始当总统。
世上每个人本来就有自己的发展时区。
身边有些人看似走在你前面，也有人看似走在你后面。
但其实每个人都在自己的时区有自己的步程。
不用嫉妒或嘲笑他们。
他们都在自己的时区里，你也是！
生命就是等待正确的行动时机。
所以，放轻松。
你没有落后。
你没有领先。
在命运为你安排的属于自己的时区里，一切都准时。

● 燕园心理：马泽中

芊芊心解 真正的自信从来和比较无关

现在，明星真人秀节目，因为让普通人了解了卸去光环后的明星普通平凡的一面而大受欢迎。前段时间，湖南卫视热映的真人秀节目《我家那闺女》中吴昕的故事，更是让大家唏嘘不已："原来这么优秀的女孩儿也有自卑的一面？那究竟什么人才会自信呢？"

在我们传统的角度认为，吴昕实在没有理由不自信。她长相甜美，年纪轻轻就已经是全国最热节目的主持人，发展前景无限；本人能力也非常强，上学时就成绩优异，以高分考入大连外国语大学法语系，在学校就是一颗耀眼的明星，后来又一举拿下湖南卫视举办的《闪亮新主播》的亚军，由此作为湖南卫视着力培养的新人进入《快乐大本营》，成为很多年轻人的偶像。这样的她有什么理由不自信呢？

但在节目中，她却多次忍不住落泪，为自己已经逝去的青春、为无果而终的感情、为让她压力巨大的《快乐大本营》。看似大大咧咧的她原来心里有着那么多的委屈、担心、害怕。她怕看自己每一次录制的节目，深怕自己会出什么错；她担心自己不被喜欢，被网友围攻；自己的节目被拿掉，这让她受伤很久；她一直觉得是

自己很差劲，是自己做得不够好，她很努力，但还是被很多人说；她想改变，却不知道该做什么……这样的吴昕实在让人心疼，这时的她已不再是什么明星，只是一个需要安慰、需要肯定的小女孩。

那究竟是什么原因让这么优秀的女孩儿都这样不自信呢？

一、“比较、竞争”的文化更容易催生不自信的种子。

朋友从澳洲回来，最大的感觉就是那里的人不管男女老幼、长相如何，都非常自信。他们很少拿自己去和别人比较，都是各自过着自己的生活，并不会觉得我比你胖，我就会难看自卑；也不会觉得我们工作不同，你赚得多，你的人格就比我更高贵。生活对于他们更多的是自己选择的一种存在方式，去做自己想做的事，成为自己想成为的人就可以了。

但在我们的文化中，却无时无刻不充斥着“比较、竞争”的影子。

在过去的多子女家庭中，我们经常就会被区分为“听话的好孩子，淘气的坏孩子”，家长更喜欢的是让他们省心听话的孩子、乖巧可爱的孩子。

在后来的独生子女家庭里，所有独生子就多了一个隐形的竞争对手——隔壁老王家的孩子。家长说得最多的一句话就是：“你看人家×××多优秀、多漂亮、多能干、多懂事……”

上学后，更是进入了一个比较的环境。各种各样的成绩单、打分表、违纪记录等逐步把坐在同一个教室里的孩子分成了三六九等。

上班后，各种各样的比较更是数不胜数。赚钱的多少、职位的高低、办事的能力，甚至性别都成了被比较的要素。

就这样，我们始终生活在一种被比较的氛围中，而比较的结果就一定有好有坏、有优有劣；有人欢喜、有人伤心；有人被推崇、有人被贬斥。

但其实，在过度比较的文化中，没有谁能真正获胜，也没有真正的自信者。因为所有的人都无法持续地保持优势，只要他被放在比较的标准上，就有掉落的一天。这种文化只会让人像木偶一样被标准牵着走，而不可能有发自内心的自信。

二、统一化的标准让人不自信。

大千世界、精彩纷呈。人和这世界里的一切生命一样，每个人都是不同的，都具有自己的独特性，正是这种独特性让我们的生命有了独特的价值，也让这个世界多了一份精彩。

但在比较的文化中，却不提倡独特性、不提倡多样化，更注重的是标准划一。这无形中就让不符合这个标准的人很容易感到自己被打压、被排斥，而无法自信地活着。

比如，虽然现在有进步，但我们的文化中仍然很难接受同性恋、很难接受丁克等，这就会让他们感受到生活的压力。

我们的社会中以瘦为美，就会让很多略胖的女孩儿感受到不自信，动不动就要以不吃饭来减肥。

学校中用成绩作为唯一的衡量标准，学习不好的孩子就成为这一制度的牺牲品，慢慢走向自卑。

小学中，因为老师喜欢听话的、好管的孩子，小女孩就很容易成为宠儿，男孩子就容易受到束缚或者因为老师批评的比较多而感到自卑。

社会中，如果以金钱、权力为尊，那生活清贫的人就容易产生自卑。

所以，自卑的产生不仅缘于过度的比较，更缘于标准的单一性、偏执性。

从心理学意义上来说，这是在用分裂的眼光看世界，把世界放到了一个非黑即白、非好即坏的标准上，这让我们培养出来的孩子也更容易用这样的眼光看待自己、看待别人。所以，只有打破这种标准，承认世界的多样性，每个人都可以活出自己最有价值的一面，才能真正改变自卑产生的社会土壤。就像兰花和牡丹，哪一个最美丽呢？它们都为世界增加了无限的美感。

三、过多的否定容易导致不自信。

记得一个印象很深的小故事。大致的意思是，两个小女孩见面，A女孩非常开心，很真诚地把手中的花束给了B女孩，沉浸在见面的喜悦中；B女孩却突然不知什么原因说：“嗨，我也很高兴见到你，不过你脸上的雀斑最近好像又增多了。”虽然是一闪而过，但能看到A女孩脸上的表情一下子发生了变化，有受伤、有委屈、有落寞、有难过，她不明白B女孩为什么要这么说？她默默地走开了。

虽然这个故事当时被当作一个关于沟通的案例来讲述，但让我印象深刻的却是，满怀热情却遭到否定的A女孩的感受。

不难想象这个女孩当时的感受是多么复杂，那一刻她被自己期待的人毫无缘由地否定，这实际上就代表着：你是不好的，你是不值得被爱的。

可以想象，这样的故事其实在我们的生活中每天都在发生，但却经常被忽略。

一个孩子兴奋地拿着考了98分的卷子跑向了妈妈，他希望得到妈妈的表扬，但妈妈们却经常说：“那是哪里失分了？又粗心了吧？怎么这么不小心……”孩子的眼神在那一刻黯淡了，他知道自己即便很努力了，但还是做得不够好，他可能会觉得自己永远也做不好。

一个央求妈妈买个冰淇淋的孩子，妈妈一句话：“看你都胖成啥了，还吃甜品，以后胖得都没人要了。”这简单的一句话，经常重复，这个孩子可能就内化了自己是个很胖、很不好看的女孩儿，有可能以后就因为形体而对自己不自信。

虽然都是生活中点点滴滴的小事，但一个人的不自信却可能正是在这样一点点的被否定中形成的。

四、有条件的爱会导致不自信。

经常有家长问：“老师，你说的那些问题我都没有，我对孩子可好了，经常鼓励，怎么孩子还是不自信呢？”孩子的不自信还可能和有条件的爱有关。

比如，父母的确对孩子很好，但必须是在学习成绩很好、比较听话的时候，父母就对这个孩子特别满意，一旦出现点差错，立马就翻脸。那即便这个孩子非常优秀，大多数时间父母对他很好，他仍然可能会不自信。

因为在他的心中，自信是有标准的，不是因为自己是自己就好，也不是因为自己努力了就是好的，而是自己必须达到了某个标准才是好的，否则就是不好的，那这个标准就会成为他焦虑的一个点，让他无法自信。因为任何人都不能保证自己每次都能达到那个标准，即便经常能达到，人的内心中也会觉得这个爱是有条件的，不是真正地爱我。得不到父母真正的爱就会让人不自信，觉得自己是不值得的、是不被爱的。

那究竟怎样才能自信呢？

也许导致不自信的因素还有很多，有社会的、有文化的、有家庭的、也有我们自身的，但我们能去改变的只有自身的。

很多人在面对不自信时，会觉得是自己不够优秀、是自己不够漂亮、是自己能

力不行等，会不断地想通过外在努力去提升自己的自信。

固然，不自信可能和这些因素有关，但最关键的是，真正的自信从来和比较无关、和标准无关。真正的自信是一种发自内心的对自己的珍视、对自己的接纳、对自己的认可，它更关乎于我们的内心。

真正的自信不会天天拿自己去和别人比较，因为别人是别人、自己是自己，就像兰花和牡丹，都是这个世上最美的花。

真正的自信不会天天想着去掩饰自己，因为每个人都有不同，不同不代表缺点，不同就是不同。就算是有缺点，也很正常，因为每个人都不是完美的。

真正的自信不会过分依赖外在的评价，而是内心有着深深地对自己的理解和认可。

真正的自信就是因为自己的存在而自信，而无关乎于太多功利性的原因，因为每个人都是独一无二的。

真正的自信不是自负，不是觉得我是最好的、我是最对的，真正的自信是我们都是一样的，我们都有用自己的方式活在这个世界上的理由和权利！

真正的自信会让人自由、舒服、美好！

杨莉

活出自己的样子来

亲，早安！问候你好！

今天，11月8号，北京天气还好，可以户外运动+锻炼啦！

今天，自己坚持锻炼的第203天，时间30分钟，4公里运动！

自己健身的感受：满心欢喜的期待户外运动——跑步。喜欢就是一种力量！

今天，与你一起分享：

昨天，来访者说，"人活着就是活着，活着就要活出个自己的样子，而非活成别人的样子！"让我也深有感触！

其实自己越是打开自我，就越是能更好地看见不同的自己，越是能体验到不同的自己，越是能拓展生命的宽度，体验人生的丰富，赋予生命以意义！

一起来，活出自己的样子来！

• 燕园心理：马泽中

芊芊心解　越打开，越能看见不一样的自己

“越打开，你就收获越多！”

这是我在完全不知道什么是心理咨询的时候，去参加“心理咨询师技能培训课”时，主讲心理咨询师在课前跟我说的一句话，现在想来，这句话对我的影响非常大。

也许是我很想要收获吧，在这个培训中，我敞开心扉，有话就说，有问题就问，让我的想法观点飞出去，和别人的想法观点去碰撞，我又迎回来一些新观点新思想。现在想来，那时的我可真有些傻：我就像一个初生的牛犊，既不知道那些学员考过心理咨询师证、有过心理咨询体验、知道啥叫自我觉察自我成长，也不知道这些意味着什么，反正，我不管三七二十一地说些不在他们那个频道上的话，还自我感觉良好。

不管怎样，16次的培训，给了我人生从未有过的体验，我意犹未尽。

机缘巧合，我又体验了一次燕园心理马泽中博士的团体心理动力成长小组。体验结束，我知道这就是我想要的课程，我在这里一直坚持了五年之久。

这五年中，我始终记得那句话：“越打开，你就收获越多！”

在这个团体小组中，我最喜欢第一个环节：说说这一周发生在自己身上的一件事。每一次，我都敞开心扉，畅所欲言，诉说我的困惑、我的疑问、我的观点、我的感受、我的领悟。

刚加入这个小组，每次，我都是心力交瘁、疲惫不堪地来，说一些大多数人常说给孩子、伴侣、朋友的那些清官难断的琐碎事情和各种负面情绪，却被伙伴们理解支持，被马老师点拨，让我看到事件中掩藏的资源和解决之道，我带着满满的能量离开小组，回到我的生活中，去应对明日即将发生的一切。这里，成了我的心理能量加油站。

几个月后，我的心理能量包待机的时间越来越长，小组不再仅仅只是我释放情绪获得支持的地方，我开始在小组里分享，当我又遇到一些事情和情绪冲击时，我是如何从事件中识别出我的情绪、如何命名情绪、如何描述情绪、如何感知到情绪原来在说“我只是也想被你看见”的，当有了这些感受和领悟时，处理方案自然而

然就有了。

一年后，我可以自己发电了，但我选择继续留在小组里，因为我想一一认出那一个又一个不一样的自己，带她们回家。

就这样，在这五年里，我先把自己从一堆乱泥中慢慢地、细心地刨出来，刷干净，养一养，再查看伤口。有的伤口，我严严实实地捂着，不让任何人碰，包括我自己；有的伤口，我只允许打个擦边球；有的伤口，我只做些简单地处理，待我元气渐增时再处理。我不求快，就求稳，我用开放的心态叙说自己、倾听别人，觉察力、领悟力、体验力都在突飞猛进地增强。

就这样，每年，我都会收获一个崭新的自己，在接下来的一年里，带着崭新的自己，去认识未知的自己。

在安全的环境中，每一次心灵的打开，都意味着允许阳光照进来，意味着你释放了一些过去积压的情绪，意味着你接纳了一些新东西，意味着你又得以窥见自己真面目的一角。

你打开越多，阳光才能越多地照进来；你打开越多，内心越多的东西才能被更新迭代；你打开越多，你就越能看到自己更多的不同侧面，你就越能更快看见由这些不同面组成的那个完整的自己。

看见了，释然了，也就安稳了。

◎ 程语

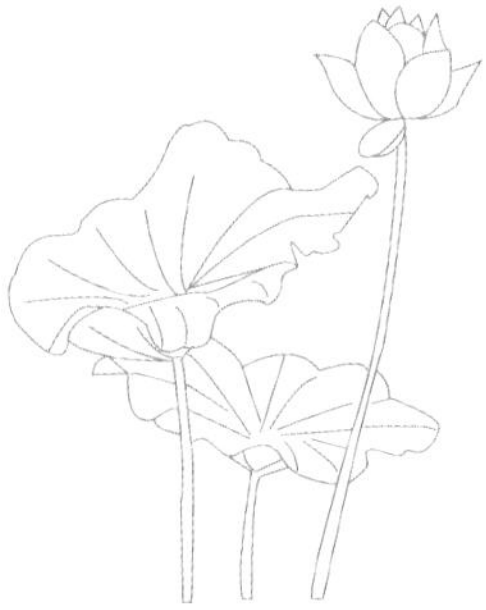

看见自己

亲们，早起的你，早上好！

今天周六，北京的空气不太好，自己内在心情要好哦！换个方式，室内锻炼！

今天，自己2018坚持快走锻炼的第265天！时间40分钟！

今天，看见自己：

看见自己容易背后的不容易，看见自己情绪背后的情绪来源！

看见自己的时候也看见他人，看见他人的时候也看见自己！

让我们彼此的关系流动起来，让我们彼此的关系连接起来！

在关系的流动和连接中，让自己活得舒服些，开心些，幸福些！

让自己生命的进化、人生的成长，更加自然而然地延伸和发展！

燕园心理：马泽中

芊芊心解　感谢你，让我看见我自己

亲爱的朋友们，如果问你一个问题：“你了解自己吗？”你会怎么回答呢？

如果再问一句：“你觉得最好的能帮助你了解自己的方式是什么？”你又会怎样回答呢？

是找朋友询问？还是自己分析？还是看书？或者别的什么……

我的回答是：“如果你想真正了解自己，可能，最好的方式就是走进一段关系，在和别人的互动中来了解自己。”

为什么这么说呢？

其实，在心理学的发展史上，很早就有人提出：“世上并不存在独立的个体，只有处于关系中的个体，关系就像一面镜子，照出了每个人真实的样子。”所以，关系让我们看到了最真实的自己。

也许，有时候你会很困惑：“我究竟是什么样子的呢？”这时，不妨走进你身边的关系，去一探究竟。

也许，这个你，在职场上叱咤风云、杀伐决断、毫不犹豫，是个让对手心存敬畏的铁娘子，但在爱人面前，却是一个很依赖、根本不会照顾自己的小笨蛋，这可能都是真实的你；也许，这个你，在外人面前勇敢坚强、积极上进、从不服输，但其实，你却最害怕别人夸你坚强优秀，实际上，很多时候，你却并不觉得自己坚强，因为你也有很多的害怕、恐惧，想要退缩、想要放弃，这也都是真实的你；也许，你有时候通情达理、宽容大度，但也有时候，就是较真任性、倔强认死理，这都是如假包换的你。

为什么我们会有这么多的样子呢？究竟哪个才是最真实的自己呢？

其实这都是最真实的自己。最真实的自己就是——人本身就是复杂的。

如果把我们的内心比喻为一个空间，这些不同的自己都可以被称为自己的子人格，是我们人格的一部分。它们就像一个个共同居住的室友，既有自己独立的空间，让我们在不同的人、不同的情境下有不同的表现，彼此之间又有着千丝万缕的联系。

一个人的人格如果发展得比较成熟，那他就会有一个相对强大的自我来协调这些子人格之间的矛盾冲突，这些子人格就可以相处得比较融洽，相互配合、各司其职，表现出一个相对稳定的人格特征，让人在不同的情况下都可以发挥出比较协调的功能，表现在现实世界中，就是内心比较协调、关系比较和谐，可以比较好地自我实现。但如果自我的功能不是特别强大，就可能没有办法去协调这些室友之间的很多矛盾，它们就会内乱、内讧，这时人格之间就会形成很多地冲突、斗争，削减整体的协调性和功能，表现在外，就可能是自我不能获得很好地发展，内心充满很多冲突，关系上也会出现很多问题。

所以，我们如果想要活得更好，就要能够协调好它们之间的一些复杂的关系。但，这些复杂的过程又都是在内心运行的，无法外显，也不是我们的头脑能够意识到的，这该怎么办呢？

这在心理学上就被称为潜意识。它们虽然不是一下子就可以被意识到，但它却可以用一种特殊的方式展示出来，让我们看到，这个媒介就是关系。

关系就像一个大屏幕，像一面镜子，把我们每个人的内心展示在上面。我们通过和不同的人互动，了解了自己的内心，知道了自己的特点，进而更好地去整合自己。

比如，有可能我通过和朋友的互动发现，其实自己是一个很受欢迎的人，简单开朗、幽默风趣；但一到领导面前，我就会非常谨慎小心，生怕犯错，显得自己笨嘴拙舌的。那么，通过这样的两个关系地呈现，我就会清楚：自己其实并不是一个不会说话、不会沟通的人，只是在权威面前，会由于紧张而抑制了自己的自信，因而显得呆板无趣。但如果我没有意识到这一点，我就有可能会觉得自己很差劲，就可能在不断地自我否定中越来越紧张，进而真的破坏彼此的关系。

当我意识到这一点时，我便对自己有了一个清晰的认识，知道自己只是由于紧张，并不是能力有问题，我也会明白，自己和权威之间是有一些关系需要去调整的，那在今后我就可以针对这个方面做一些调整。比如，汇报工作时，准备得更充分一些；创造一些轻松的小气氛。慢慢地，我的内心体验就会有一种放松的感觉，发挥得更加自如，我们之间的关系也会得到改善，自己就可以拥有更大的发展空间。

所以，认识自己的内心真的非常的重要。借用一句话："外面没有别人，只有你自己。"如果生活是一个舞台，我们自己就是导演，我们先有了很多的内心戏，然后就把身边的人拉来和自己搭戏，最后成功地把这出戏演在了关系间，这时自己却并不一定认识，还以为自己只是个无辜的观众，但这就是人最奇妙的一处，如果你不认识，上天就会让它在你的生活中不断地上演，直到你恍然大悟：原来自己竟然就是那个导演。至此，方能演员谢幕、戏本结束。

因此，如果你的生活中也出现了这样的一些困扰，先不要着急，更不要轻易地否定自己，或者归罪于对方。也许，我们可以慢慢地静下来，观察一下我们的关系究竟发生了什么？透过关系的镜子，透过对方的反应，我们可以找到问题的症结，看到一个自己可能都不了解的更加真实的自己。这时，面对真实的自己、面对真实的关系、面对真实的困境，一定可以找到最好的答案，这个答案就在你那里！

所以，无论是好是坏，感谢你身边的关系吧，因为它让你认识更加真实丰富的自己！

◎ 杨莉

学习和整合

各位亲，早安！向面前的人，说出你的问候！
今天，自己坚持跑步的第184天，30分钟，4公里！
跑出出汗的感觉，跑出希望的感觉！

今天，分享一下：
学习和整合你的思想，它会变成你的言语！
学习和整合你的言语，它会变成你的行动！
学习和整合你的行动，它会变成你的习惯！
学习和整合你的习惯，它会变成你的性格！
学习和整合你的性格，它会变成你的命运！

● 燕园心理：马泽中

芊芊心解　人生需要整合

我体会到“整合”在我生命中的重要作用，是遇到燕园心理马泽中老师之后。

在马泽中老师的团体心理动力成长小组里，当组员分享自己的领悟时，有时我会听到马老师不经意地旁白式点拨：“对呀，你在整合呀！”当我听见了“整合”二字，“整合”就留在了我的心里。

有一次，当我分享我的感受：我经历了一件事情，如果在过去，我会怎样反应、怎样处理，而现在，我又是怎样反应、怎样处理的，我这样反应、这样处理是因为在什么时候，我听到了一句话，这句话对我产生了什么影响，同时，又让我想到了之前小组课上的一个什么场景，原来当时谁说的某句话和这句话是这个意思呀，因此，我停止了过去的反应和处理，采用了现在的反应和处理。

是不是听起来很绕、很复杂，有不知所云的感觉?

是的，你有这样的感觉实在太对了，因为马老师的旁白式点拨是这样开始的：“你们听懂她在说什么了吗？”无人回答，马老师继续说“她在整合自己的感受！”我想，“哦，原来我这就叫做整合呀！”

其实，我是怀着特别热烈急迫的心情想跟大家分享，我是如何从以前的状态变化到现在这样的状态的，这个过程中，都有哪些助推力，这些助推力是如何发生的，怎样助推的。

想象一下，在一个立体的时间轴上，最左边是以前发生的一件事A1，以及自己的情绪反应B1和处理方法C1，最右边是现在发生的类似的一件事A2，以及自己的情绪反应B2和处理方法C2。在A1和A2两件事情之间，如果没有任何新的想法观念之类的进入到我的脑子里，那么，B2=B1，C2=C1，也就是说，两件类似的事情，我用了同样的情绪反应和处理方法。这就是模式，也是强迫性重复。

但是，现在，B2≠B1，C2≠C1，也就是说，两件类似的事情，我现在用了不一样的情绪反应和处理方法。这期间一定发生了一些什么，导致B2不同于B1，C2不同于C1。而我就在试图描述这些不一样，马老师把这个导致不一样结果的过程叫做整合。

这些不一样是什么呢？

是在A2事件发生之前，我所收集（学习）到的那些触动了我的新观点、新想法、新感受，当事件A2发生时，它们快速相遇、碰撞、发酵、质变，导致：虽然A2类似于A1，但B2优于B1，C2优于C1。

有特别长的一段时间，我都在做类似这样的整合式分享。

分享得多了，我慢慢理解了：当我敞开我的内心，让那些新观点、新想法、新思想飞进我的内心，去和我的内心碰撞，生出感受，今天生出一些新感受，明天生出一些新感受，这些新感受就散布在我的心里了。如果此刻，A2事件发生了，它就像一个导火索，本来，它应该按照套路直奔B1和C1，但新生的零散感受也被唤醒并且起了作用，阻断了它直接去向B1和C1的路，转而经由新生的感受成功去向B2和C2。这样一个过程，就相当于，我通过A2这件事把东一块西一块零散的感受拼凑成自己的认知，收纳进了自己的认知体系，形成自己的思维模式，指导自己的行为方式，而这就是在整合：整合认知、整合思维、整合行为，而新观点、新想法、新思想通过学习获得。

当这样的整合越来越多时，意味着新的感受越来越多地被纳入认知体系、思维模式和行为方式中，使得认知体系、思维模式和行为方式也在不断壮大、不断升级迭代，我发现，我的人生也在不知不觉中被整合，完成着升级迭代的过程。

现在，我不再是当年那个遇事只有一根神经链路、总是做条件反射的人（一根筋大约就是这个意思吧），而是拥有一个庞大的神经网络链路、总是可以快速找到最优方案的人。

是不是很向往呢？

整合你的思维模式，升级迭代你的人生，你也行！

程语

织好你的人生之"网"

早安，问候一下！

用平和心态开启一天的工作和生活！用心投入自己喜欢的事情！

出发啦！锻炼是一件身心愉悦的事情！

今天，我已经出发啦！开启从容淡定的一天，生活的意义很大一部分或许就是通过工作，通过工作中的奋斗所实现的！

今天被华为员工平均年薪70万刷屏了，昨天吃饭还有听到这被作为街头巷尾的谈资，似乎所有人都很关注和在乎外在的数字，但很少有人来真正的关注关心数字背后的努力及更多地付出和创造！

今天，学会关注他人，就更应学会关注好自己！羡慕他人手中有"鱼"的时候，那就先织好自己手中"有漏洞的网"，一起好好地在世界的海洋里，捕获自己人生价值的"鱼"！

今天，周日早起，迎着太阳继续坚持，2018锻炼第323天啦！坚持锻炼时间30分钟，慢跑3.1公里！

● 燕园心理：马泽中

芊芊心解 编织人生

人一来到世上，就和万事万物建立了联系，形成了各种各样的关系。这些关系就像一条条密密织就的线，千缠万绕，构成了一张我们生活的网。我们每个人既是织网的人，也是生活在网中、被网影响的人。

透过这张网，我们可以看到自己当下生活的真实状态，也可以发现过往生活的很多痕迹，甚至可以推测出一些未来生活的轨迹。如果有一种先进的仪器能把每个人的关系网外化显示出来，我们就会看到："哇，原来每个人的关系网有这么大的不同啊，难怪我的生活是这个样子，而他的生活是那个样子！"

生活在这张网中，很多时候我们会受到这张网的很大限制和影响。当然作为这个织网的人，我们也随时都有改造这张网的权利和能力。如果你想取得某方面的进展，就需要在这个方面多花费时间、精力，加深和这个事物方方面面的关系；如果你希望减少在某方面的发展，就要减少这方面的关注、缩减和这个方面的连接。

比如，去比较一个穷人和一个富人的关系网，就可能会看到，原来在他们的网中，和金钱连接的那条线是如此不同。富人的那条连接线粗壮有力，穷人的那条连接线则单薄细弱，这说明他们内心中和金钱保持着不同的关系。对于这个穷人来说，也许他对金钱有恐惧，这使他不敢接近金钱；也许在他内心的深处，最在意的并不是和金钱之间的关系，所以他的时间和精力很少花费在赚钱这件事上。对那个富人来说，可能他和金钱的关系就很紧密，他渴望去和金钱建立一个亲近的关系，渴望就会转化为行动，让他把更多的时间和精力投注在赚钱上面，因此就有了丰厚的回报。所以，我们经常会说"心想事成"，只有心里不断地想了，有了渴望，才会带动自己的行动，带动身边的资源都来帮助自己，最后才能够成功。如果连渴望都没有，自然无法建立联系。

那在我们不想建立联系的地方，自然就要尽量减少对它的投入和关注，比如疾病。

我们都不想和疾病建立太多的联系，最好的办法就是和疾病有一个平稳的关系。既不要逃避忽视，也不要过度关注，因为过度关注无疑也是在不断地加强联

系。在生活中，有的老人很少去想疾病的事情，更多的心思放在了快乐、自在上，这让他们的生活丰富多彩、心情愉悦，自然不断加深了和快乐的连接，减少了和疾病的连接。但有的老人对疾病却有着很大的恐惧，看似在躲避，但心里和疾病的连接却非常地紧密，密切关注着它，就像一个卫士在监测敌情，这其实导致他全部的精神都集中在了疾病上，反而是加强了和疾病间的联系。

这种情况在我们和孩子的相处中也会经常发生。

在孩子成长的过程中难免会出现一些家长眼中所谓的问题行为，这时就需要父母问一下自己："我是希望强化这些行为呢，还是消退这些行为呢？"如果是想要消退这些不恰当的行为，从行为主义的角度来讲，就要刻意的减少一些关注，忽视它的存在，反而可以消退这些行为。但如果这时家长很焦虑，看见了就不断地想要纠正，其实就是在不断地强化，反而会导致问题行为在不断地加强。

所以，简单来说，想要什么就不断地强化它，加深连接；不想要什么就尽量减少关注、减弱连接，这就是一个基本的方向。

但有时我们却会忽视这个原理，或者会无意识地采用自己更熟悉的方式去解决问题，而导致方向性的错误，问题当然很难解决。

记得一个朋友曾经这样分享他的感受："我觉得生活如果由两部分组成，那就是做事和做人。我在处理和人的关系上有一些害怕，不太擅长，所以就不断地想通过做事来弥补这个缺陷，直到我的专业已经提升得很好了，却因为和人的关系而阻碍了事业的发展，这时我才恍然大悟：这本就是生活的两个方向，就像一个十字轴，需要彼此平衡，明明我的缺陷在于处理关系，却一直妄想通过做事来弥补，这就像问题在A，却不肯接受，非要不断地处理B，怎么可能成功呢？"这个分享给我留下了很深的印象。

所以，这个网中的每一根线条都不是独立存在的，彼此牵绕，就需要注意平衡，才能让整个网络发挥最佳功能。如果其中一处出现严重的不平衡，都会导致网络的功能受损。比如最常见的，和事业的关系处理得非常好，但对健康却严重忽视，对情感严重忽视，结果导致整个人生失衡。

其实人生就像在不断地给自己织一张独一无二的网。这张网也许有限制，但也给人很大支撑和保护。你的网是什么样子，很多时候就是你人生的样子。有的人网很大、很结实；有的人网很小，处处漏孔；有的人不断努力，网越织越大；有的人步履维艰，网也步步缩减；有的人想用这张网收获到更多的鱼；有的人只想用这张网保护住自己的安全；有的人会在自己的网中加入很多其他人，共同编织出了一张更大的网；有的人却只想独自拥有，把所有的人排挤出去。就这样，不同的人织就了不同的网，成就了不同的人生，拥有了不同的格局。

那亲爱的朋友，你又在为自己织一张什么样的网呢？

杨莉

人生的身份、角色和功能

亲们，早上好！

今天，用跑步开启一天！你呢？如何更好地开启自己的一天？

今天，自己坚持锻炼的第218天！时间30分钟，4公里运动！

今天，分享一下：

身份—角色—功能——一致化，就会活在当下，活好当下！

身份—角色—功能——不一致，就会冲突、分裂、焦虑、压抑、痛苦！

那么，一起来寻求解决之道吧！

诸事皆有法，万物皆有道！

● 燕园心理：马泽中

芊芊心解　我是一个追求爱和幸福的人

你是谁，这是一个非常值得探索的话题。

一般地回答是，我是女儿/儿子、妻子/丈夫、孩妈/孩爹、闺蜜/铁哥们、同事、领导，亦或是儿媳/女婿、公公/婆婆、岳父/岳母、爷爷/奶奶、姥姥/姥爷这样的角色定位，或者是“我是一个勇敢的人”这样的性格特点。

我第一次做这个练习，当我写完“我是女儿、我是姐姐、我是姑妈”时，我就再也写不出别的什么了，虽然那时，我也是个妈妈、是个妻子、有朋友、有工作。可是，似乎，妈妈、妻子、朋友、工作远没有女儿、姐姐、姑妈对我来的重要。

个人探索之后，我才慢慢知道，虽然，我有那么多的人生角色，每天，我也穿梭于各种角色中，但是在我的内心深处，我还活在对原生家庭的需求里。我期望父母说“你是个好孩子，我们爱你！”我期望弟弟妹妹们说“你是个好姐姐，我们爱你！”我期望侄子说“你是个好姑妈，我爱你！”我所做的一切努力，都是为了得到他们的认可。我也终于明白，我内心的这个执念无法通过他们的认可解决，我其实需要学会自我肯定、自我认可！

我选的老公好吗？我生的孩子好吗？我的工作好吗？

很好！很好！很好！

那么，我好吗？我觉得我好吗？我觉得我可爱吗？

哦，我不那么想看我自己，我对我自己不那么满意。

但，我必须看向我自己。

我开始专注于自己，跟自己对话，我问她她想成为什么样的人！她每给我一个

答案，我就往那个方向走一点。这样的对话和实践经常进行，我想成为的样子也越来越清晰。

我是谁，不再藉由外界来界定，而由我的内心来回答。

我是谁？

我首先是我自己！我是一个追求爱和幸福的人，我想被人爱，我也想去爱别人！

然后我才是我的角色。我是个女人、我是个妻子、我是个妈妈、我是个喜欢待在外面的人，我是个老师，我想成为心理沙龙分享者，我喜欢芳香疗法，我……当然，我依然是女儿、是姐姐、是姑妈，可是，又有所不同了！

我把我和我的心安放好，全情投入到我的角色里，去完成角色赋予我的功能！

当我在父母、弟弟、妹妹和侄子面前时，我就带着爱去做纯粹的女儿、姐姐和姑妈，而不是带着获得“认可”的需求去做。

当我在女儿面前时，我就带着爱去做个纯粹的妈妈，体会爱女儿的感受，和女儿爱我的感受！

当我在老公面前时，我就带着爱去做个纯粹的妻子，体会我和老公如何向对方表达爱！

当我工作时，我就带着感恩的心去做事。

当我与朋友约会时，我就带着爱去做支持者和倾听者。

当我学习时，我会开放内心、全情投入。

当我分享时，我会专注于感受和确认，感受自己，也感受他人。

在这个过程中，贯穿始终的是我对自己身份的定位：我是一个追求爱和幸福的人，我想被爱，也想去爱。爱和幸福的主线始终贯穿在每个当下的角色和功能中！

这时，我感受到，活在当下，原来是这样的高效、专注，没有内耗。

是的，我在爱和幸福的大系统里，完成了身份、角色和功能的统一，专注且高效地做好每一个当下的角色和功能！

我是一个追求爱和幸福的人，分享爱、传播爱是我未来的使命。

◎ 程语

用心焐热生活

亲爱的，早上好！

今天是新的一天！感觉外面好冷哦！跑起来，感觉里面就热起来啦！或许，这就是事物的两面，冷和热的两面性都有，其实，也是可以一起存在的！

今天，一起出发！

今天，自己2018坚持锻炼的第275天！时间40分钟！快走4公里！

今天，看见自己：

今天，以自己的积极的热情和激情，投入自己的生活和工作，相信自己的今天就会更加的丰富一些、多彩一些！

今天，无论外面多冷，用心投入自己的世界，自己的世界就会充满阳光和希望！

● 燕园心理：马泽中

芊芊心解　亲爱的，大胆去爱吧，你并不孤单

不管有没有说出口，我们每个人都渴望爱。

爱让我们在寒冷中感受到温暖，在困境中滋生出坚强，在黑暗中探测到光明，在绝望中体验到希望。

我们的生命因爱而生长、灵动、丰茂，充满活力。

没有了爱，就像天空没有了太阳，世界骤然失色，万物停止生长，就像大地失去了水源，土地干涸、生命凋零，爱就是我们的生命之源。

我们因为父母之爱来到了这个世界，因为爱而不断生长，因为爱和另一个灵魂相遇，因为爱而繁衍子嗣，诞下另一个生命的结晶，人类因而生生不息。

爱让这个世界温暖，让这个世界美丽。

但就像有光明的地方就会有黑暗，有幸福的地方就会有哀伤，这个世界上，也有生命不断地活在爱而不得的痛苦里。

他们就像活在阴影里的人，总觉得自己的生活中缺乏爱，没有爱；他们觉得没有人来爱自己，因而自己也没有办法爱别人；他们觉得自己的关系僵化，缺少了爱和温暖的流动，宁愿待在一个人的悲伤中，也不愿再走出去和爱接近。

除非确定有那样一个人可以无条件地爱自己，可以让爱永恒，否则他们宁愿待在寂寞的黑暗中，退守在一个人的孤独里。

他们是曾经因为爱而受伤，不愿再走近族群的孤狼，纵有万千伤口，也只在夜色下对月哀嚎，孤独地舔舐伤口，却不愿再走近爱，去彼此温暖。

但就像阳极的对立面是阴极，坚硬地拒绝背面反而是极度地渴望。

渴望被看见，渴望被爱，渴望被温暖，渴望被拥有，这一切的渴望是生命最深处的呼号。

但曾经的痛，却让他们心中也有一道迈不过去的伤痕，就是对爱的恐惧。

这种恐惧让本来普遍具有的爱变得稀缺而不可得，让丰茂多样的爱变成了固定僵化的模式。

这让他们对爱的标准更加苛刻、更加敏感，似乎每一个爱都要放进自己的模子去衡量。这让想要的爱更加难以得到，反倒是验证了自己内心早已就有的结论——

我是难以得到爱的。

他们一次次因为渴望而尝试，一次次因为失望而退缩，直到在内心中升起绝望，最终验证自己是一个一辈子都不会得到爱、不配得到爱的人。

爱真的有这么难吗？

爱难道不是像阳光、空气、水那样随处都有的吗？

为什么在不同人的感受中，爱有着如此大的不同。

也许真正的答案是：爱需要一双发现的眼睛，爱更需要勇气！

爱需要一双发现的眼睛，去看到对方的需求。

爱更需要一双发现的眼睛，去看到对方的存在。

有时我们并不能完全满足对方的需求，但却因为看到他的存在，而深深地理解了他的需求，给予了深深的尊重，那时你的眼神、你的心意、你的一切都在传递着爱，散发着爱的光芒。

爱并不都是满足，更是看到！

爱同样需要一双发现的眼睛，看到对方的努力。

爱也需要一双理解的眼睛，去看到对方的有限。

爱更需要一双智慧的眼睛，去看到对方的心意和他的表达。

我们都渴望对方看到自己，用自己渴望的方式来满足自己，特别是对于缺爱的人，那种急迫的程度无异于婴儿对乳汁的渴望，一个快要渴死的人对水的期待；这时另一个人即便捧上来的是黄金、是珍珠、是宝石，对他来说却都是没有意义的，甚至会导致恨。“我对你报有如此大的期望，你却不去满足我，你让我好受伤，好失望。”

但就此就能否定对方的善意和爱吗？

不！

也许他确实没有看到你的需求，因为它重重包裹得实在太难以辨认，是什么让你不能清晰地表达自己的渴望呢？

也许他确实看见了，但仍旧没有办法满足，因为每个人都有自己的局限。

也许他熟悉于某一种方式，给出了很多爱的表达，但你的眼中却只在乎的是那唯一的一种，这让他也很绝望。

爱由此而被阻断，给双方造成了伤害！

由爱生恨，是这世上最大的悲剧！

爱而不得，是这世上最大的痛苦！

那为什么要让自己活在痛苦中呢？为什么要让自己活在悲剧中呢？

也许我们自己就是那斩断命运链条的关键一环。

睁开双眼，好好看看身边的世界吧，爱就像这每日升起的太阳，像这时刻充斥于宇宙中的空气，无处不在。

带上一双发现的眼睛上路吧，看见自己的需求，把它清晰地表达出来；看见对方的需求，给予深深的尊重。

带上一双智慧的眼睛前行吧，去看见别人的努力，发现别人的付出，用一双爱的、理解的眼睛发现这个世界上的爱。

带上爱的勇气出发吧，用你的勇气去拥抱世界，用你的笑容去温暖世界，用你的付出去播种爱、创造爱，让爱从自己的内心中生长出来！

爱并不完全来自外界，更来自我们自己！

亲爱的，大胆地去爱吧，你并不孤单！

杨莉

平凡的人生

亲们，早安！问候你！
今天，自己坚持跑步锻炼的第226天！时间40分钟，跑步6公里！

今天，停下来，走出去，晒晒太阳！
此时，看见自己！
看见，平和的心态，平凡的生活，平凡的自己！
拥有一个平凡的一天！
这，就是平凡的人生！

● 燕园心理：马泽中

芊芊心解　在平凡的生活中活出不平凡的价值

生活本身是平凡的。

无外乎吃饭、穿衣、睡觉、打嗝、放屁、干活（工作）、休闲、养孩子（传宗接代）……不同的是，大家可能吃了不一样的饭、穿了不一样的衣、睡了不一样的觉、打了不一样的嗝、放了不一样的屁、干了不一样的活、休了不一样的闲、养了不一样的孩子……这些“不一样”把人分成了三六九等，于是有了“平凡”和“不平凡”的定义。

于是我们对生活有了一些误解。

我们以为，有了钱、有了名、有了利、当了官，我们就不平凡了。于是我们把所有的精力都用来追逐钱、追逐名、追逐利、去当官。我们不仅自己这样做，我们还教自己的孩子这样做，并且告诉他们：这样做了，你才会活得不平凡。为了过得不平凡，饭吃得不香了，衣穿得没感觉了，觉睡不好了，打嗝放屁也不痛快了，只有干活更猛了，终于得到了或钱、或名、或利、或官，可说好的不平凡、想要的其乐融融呢？

哪里出问题了？

其实，生活本身就是那么的平凡，让人觉得不平凡的，其实是感觉，尤其是工作带来的价值感。

于是，我们误以为工作带来的价值感就是生活的不平凡感，因而大大突出这一点，忘记了工作其实只是生活的一部分，从而忽视了生活本身就是平凡的。

工作的确能带来价值感和成就感，以及随之而来的自尊感，这种感觉很美好，以至于让我们误以为，自己真的很伟大、很不平凡。

虽然，每个人都需要体会这种美好感受，但也必须知道，这种美好感受无法脱离具体的生活琐事本身而独立存在。我们也需要把这种美好感受带进吃饭、穿衣、睡觉、打嗝、放屁、休闲、养孩子的平凡生活中，去体会每口饭的甘甜、每件衣服的温暖、睡觉的畅快、打嗝放屁的自然而然、工作时的努力和专注、闲时的怡然自得以及和孩子在一起的其乐融融。所有这一切加起来才是我们真正拥有的生活，才

能确立自己完整的存在感。只有如此，我们才能在自己平凡的生活中注入属于自己的不平凡价值。

毛泽东、周恩来、邓小平等伟人，他们之所以伟大之所以不平凡，并不是因为他们的生活不平凡，而是因为他们立足于平凡的生活，为国家为世界创造了属于他们自己的价值，他们的伟大和不平凡在于他们的人生价值。

马云和中关村的大佬们，他们的生活中也有如你我一样的吃饭、穿衣、睡觉、吵架、孩子上学的问题，但是他们在互联网的世界里创造出了史无前例的价值，这是他们的不平凡之处。

行业精英们，他们的生活中更有如你找一样的吵架、买菜、择校问题，但是他们在行业技术领域贡献了自己的价值，这就是他们的不平凡之处。

而我们也有我们自己的价值。

平凡的是生活本身，不平凡的是价值。价值是自己创造出来的。

享受平凡的生活，在平凡的生活中活出不平凡的价值，这是我们需要的心态。

程语

用自己的方式活着就好

早起的自己：早上好！又到周五啦！

今天，自己2018坚持锻炼的第271天！时间40分钟！快走4公里！

今天，看见自己：

昨天，来访者问我：马老师，很多人，为什么喜欢刷朋友圈？

其实，或许是自己需要刷朋友圈！

对于他人，先不说心理咨询室内如何分析！

对于自己，我想说，这是自己对自己生活方式的一种回应和体验！

对于生活，对于人生，对于生命，请不要放弃，更不要停止，对于自己生命意义的思考，对于自己生命价值的探索！

坚持自己对生命意义的思考！对生命价值的探索！

我们都在用自己的方式来活着，这就是我们对自己生命的回应方式！

●燕园心理：马泽中

芊芊心解 用自己的方式活着就好

“活着”似乎是一个很大的命题，古今中外的智者们都在探讨这个终极问题——生命的意义，指向就是，人该如何活着？

“活着”又似乎是一件最普通平常的事情，在很多老百姓的心里，就是：“这也是一个值得探讨的话题吗？该咋活咋活，该干啥干啥就是活着。”

是啊，活着究竟应该是什么样子呢？有统一的标准答案吗？

儒家的仁人志士们认为，人活着就应该舍生取义、为国为民，仰无愧于天、俯不怍于地。

道家的智者们则认为，万事万物都应该顺应自然、顺应天命，无为而治才是天地大道。

有哪个比哪个更智慧吗？

似乎没有！

50后、60后的生命中，国家是第一位的、集体是第一位的、别人是第一位的，所以他们的生活中充满了奉献、充满了无私，他们认为人活着就要一心为公，随时听从祖国的召唤。

90后、00后的生命中，自我的张扬是对生命的昭示，生命是属于我的，我有权利用我的方式来过我自己想要的生活，他们强调对权利的捍卫，强调对自我的尊重。

有哪个比哪个更高贵吗？

似乎也没有！

也许，有的人的生命轰轰烈烈、万人瞩目，那是一种活法。

有的人安于现状，愿意和老婆孩子长相厮守、过平静祥和的生活，也是一种活法。

没有谁比谁更有价值！

那是否生命就完全由自己说了算呢？

并非如此！

有的人认为如何活着的权利完全属于自己，于是用沉沦对抗来随意糟践自己的生命。

其实它既属于你又不完全属于你。

在你的出生中，有自然给予你的机遇；在你的成长中，有很多人付出的心血；更重要的是，在你被授予的权利中，给予的是你如何去创造发挥表达生命的权利，而不是无视生命随意破坏的权利。

所以，生命的自由并非是完全的自由，生命的权利亦不是绝对的权利！

对于生命的意义来说，它就像上天给予我们每个人一段自由表达的时间，在这段时间内，你可以用任何你想表达的方式去展示你对生命的感受和理解，只要心怀对生命的敬畏和尊重。于是，我们活成了不同的样子。正是因为我们的不同让这个世界多了无数的精彩、无数的神奇、无数的惊喜！

世界就像一个百花园，有娇艳的玫瑰，有清幽的兰花，有高贵的牡丹亦有淡雅的茉莉，你能说哪一种就比哪一种更美吗？它们都散发着自己独特的幽香，让人驻足而立、不舍离去。

而我们就是那百花园中的一支，也在用自己的活法散发自己独特的芬芳，为这个世界增添光彩，世界因我们的存在而美丽！

所以，何必去计较别人的眼光，何必去在意他人的评论，只要是为这个世界增姿添彩，用自己的方式活着就好，即便是做一只普通平凡的狗尾巴草，又有何不可？自足足矣！

在敬畏生命的前提下，尊重自己的选择，用各种创造性的方式表达好自己对生命的诠释，是对生命最大的尊重，是对这个世界最美好的祝福！

◎ 杨莉

生命是用来体验的

亲，早上好！一杯咖啡问候早起的自己，早安！

今天，早起啦！开启周日一天的心理咨询师培训课程！

今天，自己坚持跑步锻炼的第228天！时间30分钟，5公里！感觉跑得再快一点，开始可以做到了！身体接收状态还要好一些！

今天，心理学院的又一个里程碑时刻——心理学院众筹方案说明会即将召开！期待中……

今天，分享一下：

自己学会对自己好一些！

用心地感受和体验，在今天一天的工作和生活中，那些让自己感觉积极正向而又记忆深刻的事情，让自己的内心把ta内化和升华！

因为，自己的生命需要自己来体验！更要好好体验生命中的积极价值和感受哦！

● 燕园心理：马泽中

芊芊心解　用正向积极的体验滋养自己

每天，我们都会遇到很多事情，有很多体验和感受。有的体验好，有的体验差。

体验好，感受美好；体验差，感受糟糕。美好的体验，让人感受到愉悦、积极、开心；糟糕的体验，让人感受到沮丧、消极、郁闷。愉悦、积极的感受滋养人，沮丧、消极的感受消耗人。

大多数人会自然而然地去关注消极体验和消极感受。

从进化的角度看，这是有好处的。

对消极体验和感受的快速反应，能让生活在丛林中的原始祖先快速逃离危险，从而有可能存活下来。在进化过程中，这种原始反应被保存下来，并在动物界随处可见。

今天，虽然人们无须面对生死存亡的压力，但是这种生存焦虑依然存在，它被另外一种形式取代，那就是，可能的竞争失败带来的压力和焦虑。

关注消极体验和感受，其目的是为了更好地生存。这在父母对待孩子的态度上体现得最为明显，即父母通过修正孩子身上那些不利于竞争的点，期望孩子变得更有竞争力。

关注什么，就被什么吸引，就会把自身能量投向它，自身能量就被它占有。

关注消极体验的人，看到的都是恐惧、担心、焦虑，完全忽略了积极的一面。

事实上，任何一件事情，既有积极的一面，又有消极的一面。

如果你总是一眼就能看到问题，并以此为豪，那么，你需要反省自己。

如果你首先看到问题，在别人的引导下才能看到积极正向的一面，那么，你需要学习发现事情中积极的一面，并学习赞赏自己。

如果你看到问题点的同时也看到了积极正向的点，那么，继续练习、继续赞赏自己吧，直到你优先看到积极的点。

如果你更多地看到事情中积极的点，那么，学习把事情中的问题点转化成资源点吧。

如果你总能把别人眼中的问题点转化成资源点，那么，你真的自带光源，不仅温暖自己，滋养自己，你还能温暖和照亮周围的人，甚至滋养到他们。

而这，就是爱！

有了这爱的滋养，你就更能成为一个有创造力的人，你就能创造出属于自己的生活。

看到事情中的资源，让资源滋养你，然后去创造！

程语

别急，一个一个来

亲爱的，今天，早上好！

今天，开启更好的自己！

今天，自己2018坚持锻炼的第277天！时间40分钟！快走4公里！

今天，看见自己：

今天，发现自己无论快一些还是慢一点，其实，路都是要自己来走，也都需要一步一步来走！

其实，生活和工作中的事情，也更要一件事一件事来做好，问题也更要好好的一个一个来解决！

今天，就先走好今天的路！今天，就先做好今天的事！

● 燕园心理：马泽中

芊芊心解　人生需要慢慢来

有拖延症的朋友都非常苦恼拖延带给他们的困扰。

拖延症的表现各不相同。有的是明明有一大堆事情要做，却迟迟不能开始，刷一会手机、吃一会零食、忙一会乱七八糟的事情，才发现大把的时间已经浪费完了，事情却还没有开始。有的是做事情的时候，注意力很不集中，刚忙一会，就被其他的事情分散了注意力，最终又发现浪费了很多时间，事情也没有完成。

很多人会因为拖延对自己充满了指责，认为自己是没有毅力、没有自控力的人；也有的人认为自己是因为太懒，还有一些人会指责自己太没有上进心、对自己过于纵容。总之，很多有拖延症的人都对自己的行为非常懊恼，充满了自责，但又苦于解决不了，给自己的内心带来了很多痛苦和纠结。

导致拖延的一个原因就是压力过大而导致的焦虑，进而选择了拖延作为逃避。

很多人认为拖延的人是因为对自己要求太宽松、没有自制力；其实恰恰相反，很多拖延的人是因为对自己要求过高、苛求完美，才导致迟迟不能开始；有的人的拖延是因为对自己要求过于苛刻，内心住着一个尖酸刻薄的监工、一刻都不允许自己休息、不断地安排各种各样的任务，因而导致的内心宕机，用一种拖延的方式表现出来；有的人的拖延是因为给自己施加的压力过大，潜意识就觉得自己根本无法完成任务，但又不愿去面对这个失败的结果，而选择了用拖延来逃避这种痛苦的感受。

不管是以上哪种情况，都可以看到形成拖延的一个重要原因就是内心的焦虑感。而焦虑感的产生又是由于对理想化的自我期待的和现实的自我能够做到的之间有一定的差距，如果双方之间的距离不能协调，就会持续处于这种焦虑的感受中，影响到身心的平衡。

就像有的学生期望自己今天能够完成一个单元的练习题，还希望有非常高的准确率，但现实中的他实际上也知道自己很难一下子做到这一点，就会迟迟拖延这个科目的学习，不愿去体验这种失败的感觉。内心深处知道不得不做，又不愿去做，就会产生很多的矛盾冲突，进一步加剧内心对自己的否定和焦虑的感觉。

所以，这个时候，降低内心的焦虑感，就能够有效地推动拖延问题的解决。而降低焦虑的一个重要方式，就是接受现实。

这个现实就包括了以下两点。

一、任何事物都有自己的发展规律，是一个需要点点滴滴不断努力的过程，是一个螺旋式上升的过程，即便再着急，也无法改变事物的运行规律，与其着急加大焦虑，不如放慢速度慢慢来，点点滴滴地积累。

二、只要点点滴滴地努力、一件一件地处理，量变一定会形成质变，能力一定会有所提升，这是一个毋庸置疑的过程，也就是付出一定会有收获，只不过暂时可能不是我们期望的那个收获，但这时最重要的就是做好当下的事情，慢慢积累。

当我们真正从内心深处清楚了这一点，就会活得更加从容、更加淡定。人生不过是一个不断提升自我的过程，任何事物都有一个慢慢发展的过程，一口气吃不成一个胖子，过度的焦虑只是不顾现实的幻想，那又何必徒增烦恼？不如慢慢来、不要急，耐得住焦虑，不断地努力，才是走向成功人生的必经之路！

◎ 杨莉

相信自己，用心前行

亲，早上好！周一早安！

今天，早起啦！开启新的一周啦！

今天，自己坚持跑步锻炼的第229天！时间30分钟，4公里！

今天，分享一下：

相信自己！

前行的道路上，我们都会不断被怀疑、被质疑，有时甚至自己都会有所动摇！

其实，最大的怀疑和质疑不是来自他人，而是来自自己！

相信自己，相信自己的坚持，感谢目前的问题和困惑，因为ta是自己人生修行的必要课程，感谢这些ta，因为ta让自己的人生修行变得更加丰富，因而有更多的意义和价值！

相信自己，用心前行吧！

● 燕园心理：马泽中

芊芊心解　质疑你的不是别人，而是你自己

我的朋友两地分居，她常常因为孩子的事要请同事们帮忙。许多年后，孩子上了大学，老公也调回来了，这时，一位同事对她说：“当年你一个人带着孩子，真可怜啊！现在好了，老公也回来了。”朋友听后开始琢磨当年的事情，越琢磨越觉得，当年的自己真的有些可怜呢，因此心情郁闷。

在工作和生活中，我们总会被别人这样质疑。

你买了一件自己很喜欢的衣服，有人大惊小怪地说：“你怎么买了这个颜色呢，多显胖啊！”你开始怀疑自己的眼光和身材。

你对自己的演讲非常满意，有人说：“你站得姿势不够好看，你的声音不够有力量！”你心里对自己的满意和认可随着对方话音落地变成了满心的羞愧。

你的项目方案考虑了方方面面的因素，项目经理轻描淡写地说：“你先放着吧！”你心里开始忐忑不安。

你想创业，你仔细考察了一个项目，有人说：“创业有几个成功的？别胡闹了！”你100分的信心秒变40分。

你想出国读书，有人说：“出国需要很多钱，你父母有吗？你忍心……”你只好打了退堂鼓。

被质疑、被打击是常态。被质疑、被打击后，许多人选择了动摇乃至自我怀疑、自我放弃。只有少数人在动摇之后还能找回自己的真实感受，回到自己原有的道路上去！

我朋友被这样质疑，她郁闷了几天后，一想，“不对呀，当年虽然辛苦，但我并不觉得自己可怜啊。同事们帮我，照顾我，我一点不觉得自己可怜啊！再说，老公虽然一周回家一次，可他回来后跟孩子玩耍、照顾家、体贴我的，我从来都没有觉得当年的自己可怜啊！”于是，第二天，她跟那个同事说，“你跟我说我当年自己带孩子可怜，让我郁闷了好几天，你那样说是不对的，我当时并不觉得我可怜。”同事连连向她道歉！

像我朋友这样睿智的人，也在第一时间被同事的质疑带跑，开始怀疑自己过去18年的生活感受，还好，她在动摇了几天之后，终于找回了自己内心真实的感受，并且把这感受如实的反馈给了她的同事，回到原有的平静生活。

其实，质疑你的人，并不是别人，而是你自己！

质疑你的那个人，他质疑的其实是他自己，因为他表达的是他这个个体对这件事情的看法，而他的看法基于他的生活经历和经验，以及这些生活经历和经验带给他的体验和感受，这些体验和感受最终会形成他的世界观。

比如，在我朋友的同事眼里：一个女人独自带孩子本身就是可怜的，你看，她还经常因为孩子的事让我们帮助她，这不正好是可怜的证据吗。但是在我朋友眼里：同事帮我，说明他们喜欢我，我很开心；老公回家，其乐融融，我很开心，我有什么好可怜的。她们俩因为对找人帮忙这事有不一样的看法，所以，体验完全不同。

一个人之所以因为别人的质疑而开始质疑自己，是因为他首先认可和接纳了对方的质疑。

你认可、接纳、同意了对方的质疑，是因为你自己的内心就有一个这样质疑自己的声音。平常，这个自我质疑的声音在沉睡，一旦它经由别人之口说出，这个来自外界的质疑就和你内心的自我质疑共振了、同频了，你的自我质疑被开启。也就是说，对方口中的质疑，其实也是你内心的质疑，你内心深藏的质疑被外界验证了，所以，你才开始动摇，开始不坚定，开始自我怀疑，开始自我否定。

如果你的内心很笃定，外界的质疑就很难撼动你，很简单，因为那个质疑不在你心里，你迟早会如我朋友那样最终读懂自己的内心，对外来的质疑说“不”。

所以，看见了吗？

质疑你的不是别人，正是你自己。

当别人质疑你的时候，不要怕，保持对这质疑的觉知，去问自己的内心：这个质疑触痛我的内心了吗？这个质疑是我的吗？谁在质疑我？然后，要么对这质疑说“不”，要么超越自我质疑，学会自我肯定、自我嘉许，用心地、笃定地前行。

程语

相信自己是个有价值的人

亲，早上好！问候早安！

今天，自己坚持跑步锻炼的第232天！时间30分钟，4公里！

今天，分享一下：

面对当下，要看见自己，看见自己的价值！

更要相信自己是一个有价值的人！

一路坚持，跑出自己的精彩！

一路坚持，拥有前行过程中的丰富而又美丽多彩的人生风景！

今天，相信自己是一个有价值的人！

2018，跑出精彩，跑出价值！我来啦！

● 燕园心理：马泽中

芊芊心解　我，是一个有价值的人

我的自我价值感很弱。

刚加入燕园心理马泽中博士的团体心理动力成长小组时，马老师念了我写的作业，当时的我不像别人那样满脸自豪，欣然接受，而是满脸羞愧，好像做错了什么事似的！

这样的情景让我想起，学生时代，每当我的作文被念，每当我被表扬的时候，我都觉得羞愧难当，好像做了什么错事一样。

那时，我不知道，这叫“不配得”，但我记住了这种奇怪的感受！

然后，我觉察到：我对一些人抱有一些期待，而她又做不到时，我发现，我那种恨铁不成钢的失望，其实缘于我把自己放到了一个相对较低的位置上，努力要把她扶到高位上，而其实，她并没有那个能力。那时，我隐隐约约觉得，这好像跟低价值感有关。

我的一些优点、我的一些擅长得到了马老师和伙伴们的肯定，可是，他们越是肯定我、越是夸赞我，我就越是怀疑：我真的有那么好吗？因为在我看来，我会做的别人都会做，别人会做的我却不一定会，我总去学习那些别人会而我不会的事情。但我开始一边允许自我怀疑存在，一边说服自己接受大家的肯定和夸赞，同时开启自我肯定和自我夸赞的模式。

我想做沙龙导师，可又有内心对话，担心自己做不好，老师说“你可以”，我迟疑，心里说“我可以吗？我好像不可以哎，我怕啊。”他又声色俱厉地说“你不可以”，我一下子来了劲，心里想“我当然可以！”我惊讶地发现，当“你可以”和“你不可以”放在一起时，我关注的是“你不可以”，完全忽视“你可以”，同时，“你不可以”点燃了我的战斗力。

我忽然明白：靠着关注和对抗“否定”，我获得了一些能力。我获得能力的目的，是为了证明，证明给我父亲看，我想告诉他“我能”，而面对肯定和“你能”时，我不知道该怎么办，我从来没有被这样肯定过呀。

我的父亲，像大多数父亲一样，只会否定我，他们以为否定会鞭策你变得更好，而我恰恰中了他的圈套。因为父亲的否定，我就要去证明“我可以”。我越是去证明，我就越觉得自己没有能力、没有价值，我也就越无法看见、肯定、接受自己的能力和价值。这就是我的低价值感的来源。每个孩子，就是这样，从父母的眼睛里看见自己。

现实是，在别人眼里，我过得还不错。客观地讲，我也觉得自己过得还不错。这些都说明我还是拥有一些能力和价值的，可我内心真的觉得自己不够好。

自我探索让我发现：我不只是拥有一些能力和价值，我其实拥有很宝贵的能力和价值，这些能力和价值始终在那里，我看不见，没给它们展示的机会。

所以，价值感弱或价值感低，不代表你真的没有价值，而是你以为自己没有价值！你以为自己没有价值，其实只是你的价值不曾被父母认可。我父亲从未看见过我的能力，我就以为自己是没有能力的，我父亲看不见我的价值，我就以为自己是没有价值的。为此，我要向父亲证明，我是有能力的，我是有价值的。

可你要证明自己有能力，你首先得表现出个没能力的样子，然后才能去证明自己有能力；你要证明自己有价值，你首先得表现出个没价值的样子，然后才能去证明自己有价值。你陷入了一个死循环，你为了证明就得先放低姿态，做出个令人嫌弃的样子，然后努力证明说“我有能力我有价值”，这不是很荒唐吗！你一直在忙着证明自己的能力和价值，哪里还能看见和欣赏自己的能力和价值呢。

你的价值，你从没放在自己的眼里，而去追逐别人眼中自己的价值了。为了这别人眼中的价值，你放弃了自己所有的价值。

忙着证明自己的价值，这才是真正的低价值。

停止证明，你的价值就在那里，看见它，欣赏它，升级它。

我，就是这样一个有价值的人。

如此。

程语

一样的自己，不一样的内心

亲，早上好！问候一下，周末愉快！

今天，自己坚持跑步锻炼的第235天！时间30分钟，跑步4公里！测试一下，每公里7~8分钟吧！

今天，用跑步开启周末愉快工作的自己！

今天，分享一下：

新的一天从早起跑步开始：开启不一样的一天，开启不一样的自己，用心来拥抱和体验每天的生活中让自己感动的每一点……

其实，看似每天一样的生活，看似每天一样的自己，我们的内在都在经历着巨大的变化，经历着不一样的感受，经历着不一样的自己！

今天，感受那个内心不一样的自己！带着感情来投入生活、投入工作，就会感受到生命深处的爱！

• 燕园心理：马泽中

芊芊心解　今天，你遇见那个不一样的自己了吗？

自从我找回了自己的心，每天，我都会遇到一个不一样的自己。

当然，这个不一样的自己，说的是内在。

外在的我，除了把工作之外的时间用来学习心理学之外，工作和生活看起来和以往没什么不同，但是，只有我自己知道，今天的我和昨天的我，这周的我和上周的我，这月的我和上月的我，今年的我和去年的我，她们有或大或小、或多或少、或细微或显著的不一样，以及这不一样带来的内心喜悦和平静。

以前的我，无论是内在，还是外在，每天都一样：一样的急，一样的焦虑。

以前的我和现在的我，差别是，一个把心丢了，一个把心找了回来。

把心丢了，每天看见的都是重复、枯燥无味，是一件件待解决、待处理的具体事情，是无望、无助，是痛苦，是生活的表象。

找回了心，看见的就是重复背后的规律和细微差别，是枯燥无味背后的积累和质变，是处理了一件件具体事情后的内心成就感和价值感，是无望无助背后的臣服，是痛苦之后的馈赠，是生活的真谛。

把心丢了，每天就忙着找心。

忙着找心，自然觉得别的一切都不重要。

觉得别的一切都不重要，自然不会多看一眼，多问一句！

不愿多看一眼，多问一句，就不可能找到心，就不可能透过表象感受到本质。

然而，自己的心也许就在那“多看一眼，多问一句”之中。

多看一眼，多问一句，别压抑，让感受自然流露、自然涌动，也许，就此，你看见了自己的心，感受到了难受、痛苦，以及难受痛苦背后的那些人、事和情感，然后你惊奇地发现，你感到无比踏实。

无比踏实，是因为你找到了你的心。

你找到了你的心，是因为你多看了难受和痛苦一眼。

原来，你的心一直和难受痛苦在一起。

过去，你不想看见那些难受和痛苦，所以，你和你的心失之交臂。

现在，你找到了你的心，把难受和痛苦认领回来，你的心终于感到踏实了。

带着这份踏实，回到现实世界里，你会发现，人还是原来的那些人，事还是原来的那些事，环境还是原来的环境，外界什么都没有变，可是，在你眼里，他们全变了，全变得美好可爱了。

是的，外面没有别人，只有你自己！

你变了，一切都变了！

你变了，是因为你找回了自己的心，安放好了自己的心，用心去感受生活，感受每天发生的每件事。你的心因此变得越来越通透，你最终会发现，每时每刻的你、每天的你都不一样。

带着心，你的世界就安稳了，踏实了。

今天，你遇见了那个不一样的你了吗？

程语

生命是由内而外地绽放

亲，早上好！问候一下自己！

今天，开启一天了！自己坚持跑步锻炼的第237天！时间40分钟，跑步5.5公里！

测试一下，今天有一点小小的进步哦！

今天，分享一下：

今天，学会自己为自己点赞！学会自己为自己加油！更要学会自己为自己的生命而活！

看见自己生命的意义和价值，不仅仅是不断努力地向外追寻，而是，更加用心的体验内心的感受！

今天，多多关照一下自己的内心！多多地对自己好一点！

今天，让自己的生活和人生迎着太阳继续跑起来吧！

其实，生命是由内而外地活，而非……

● 燕园心理：马泽中

芊芊心解 生命是由内而外地绽放

生命虽然是个很大的词，但每个人每天又实实在在地活在生命中，与生命同在。

生命到底该怎么活？每个时代总有人在追问这个问题。

花朵的绽放是由内而外次第展开的。

人的生命也如此。不同的是，有的人掐灭了内心的种子，向外追寻，以为获得外在的功成名就，内心就会安稳；有的人浇灌、培育内心的种子，向内探索，找到了自己最想活出的那些部分，把它们一一活出来。

向外追寻，芸芸众生不学自会，岂不知，越是向外追寻，内心反而越是觉得空虚。

向内探索，需要保持觉知，检视行为和内心的一致性！内外一致，这个内在就被活了出来。每一个内在被活出来的过程，就是生命由内向外绽放的过程，就是真正的踏实和幸福。而这，只有少数愿意向内探索的人才能做到。

向内探索，就是和自己的内心保持链接。

当外在的自己和内心保持链接时，外在的自己就能接收到内心传递的信息，内心也会因此越来越丰盈，外在也会不断地活出内在的丰盈。

当外在的自己和内心断了链接，外在的自己就无法听到内心的呼喊，内心就慢慢枯萎，外在的一切无论看起来怎样的辉煌，都难掩内心的匮乏。

活出内在的丰盈，让生命绽放，是每一个生命个体的使命，也是每一个生命个体的内心独白，也是不枉此生的外在告白！

每一个人的内在原本丰盈，原本就有自己想要活出的诸多品质，只不过，因为我们从未仔细聆听它们，而错失了让自己的生命活出这部分的机会。

今年年初，我收到燕园心理的一份礼物：每日微光的“生命故事手账”。在这个手账的设计里，每一天都需要给自己一个“生命品质关键词”，同时，在这一天里，努力提醒自己由内而外地活出这种品质。

嗯，这是个不错的主意，可以让我面向未来，找到我想活出的模样。

于是，我把手账和笔放在枕头边，每天早晨在要醒还没醒的时候问内心：“今

天想要活出一个什么样的自己呢？”有时，内心很快给了我答案；有时，我要耐心等一会，内心才会给到答案；有时，我觉得我并没有活出内心给我的这个词，当我这样觉得时，我立即停止评判，重新想“对呀，正是因为我没有活出这个词，我的内心才会告诉我我该活出这个词呀”；有时，我觉得内心正好给了我我想要的词，我就想活出那个词的样子来。

迄今为止，内心给过我这样一些词：忠于感受、新鲜、行动、开心、真正在一起、放松、轻松愉快、自在、温柔以待、拥有、仪式感、感恩遇见、开心、放手、活出自我、原谅、喜庆欢庆、平和、想做就做、此时此刻、开放接纳、爱自己、整理家务、轻松、慢慢来、一跃而起、看见、打扫清理、智慧、怡情、快乐、专注、悠闲、舒展、感受身体、随心所欲、开心愉快、看着它、嗨起来、进入状态、活出内在力量、幸福的味道、开心昂扬、放掉、旅途愉快、全情投入、开放自己、圆满去爱、微笑接纳、积极主动、打开、接纳、拥抱、力量、新鲜、温暖纯良、享受、珍惜、自如灵动、开放支持、圆满、支持、幸福、灵动、妖娆、没心没肺、勇气、放飞自我、顽皮任性、觉醒、蜕变、绽放、活出精彩、方向感、目标感……

你看，内心给了我这么多词，这么多词一定不是凭空出现的，可能是那段时间我想追寻的、我刚刚开始体会到的、我想转变成为的，总之，它们是那天我的心灵想要的词。

当然，我也并不一定每天都能真真切切地活出那个词，也不一定能做到时时提醒自己，可是，毕竟，每天，当我从心里接收到这个词，与之相遇，努力想活出它的模样时，它就点亮了我的生活，让每天充满了不一样的美好味道。还有，也许，以前的某个词也会不经意间闯进脑海，带给我温暖。此刻，真想说，原来生活可以这么美好！

当然，我很清楚，要活出一种品质，不是一天两天就能做到的，但是，不试，就永远没可能遇见那种品质。好的品质有相似性，每天，我都遇见一个好品质，试着活出它，也试着活出不同的自己，日复一日地活出这些好品质，我就越来越会拥有这些好品质，成为这些好品质。

这不仅是给自己种一个美好的心愿，更是在践行！

是不是很美好，很令人向往呢？

如果你想拥有平和的品质，那么，请在这一天里由内而外地活出这种品质吧！

如果你想拥有喜悦的品质，那么，请在这一天里由内而外地活出这种品质吧！

如果你想拥有敏锐的品质，那么，请在这一天里由内而外地活出这种品质吧！

如果你想拥有宽恕的品质，那么，请在这一天里由内而外地活出这种品质吧！

如果你想拥有自信、优雅、笃定、灵动、可爱、傻乎乎、自由、慈悲……的品质，那么，请在这一天里由内而外地活出这种品质吧！

记住，生命是一场由内向外地绽放！

程语

你值得拥有

亲，早上好！又是一周的开始！

今天，跑步，开启新的一周！

自己坚持跑步锻炼的第249天！时间30分钟，跑步3.5公里！

今天，看见自己：

2017，选择了就坚定地走下去！

这一年一定有很多人很多事，是自己必须要经历的……

坚持了！经历了！相信这些都是自己值得拥有的！

一起看见新的一天，看见自己新的不同！

今天，或许很多的人和事，都是来让自己成长的，都是来让自己修行！都是来让自己变得更好的！

今天，行动起来，一起来做点事情吧！

● 燕园心理：马泽中

芊芊心解　嗨，你有资格哦

请你找个安静的地方，对着镜子里的自己，念出下面的三句话：

我有资格愤怒。

我爸爸允许我愤怒。

我妈妈允许我愤怒。

你可以把愤怒换成：哭泣、悲伤、大喊大叫、花钱、优雅、美丽、享受、做女人……

是的，这些词都是在生活中，你可能不被允许呈现的部分。

你也可以往里面添加一些词，去大声地说出来，去好好地感受。

无须用头脑去想，只需这样用身体去感受。

记下来，你感受到了什么！

我第一次做这个练习时，对"优雅"这个词很有感受。

很有感受的意思是说，于我而言，优雅这个词带有很强的能量，让我无法直视。

无法直视的意思是，当我把它和我放到一起时，比如，当我想说"我有资格优雅"时，我说不出口，眼泪悄然流下。

身体知道答案，不是吗？身体已经告诉了我！

我知道我必须突破，不是吗？

我小声说"我有资格优雅"，边说边哭，十足可怜！

"我爸爸允许我优雅"，内心有个声音说"不，他不允许！"我莫名地泣不成声。啊，万分委屈啊！

"我妈妈允许我优雅"，内心有个声音说"她允许又不允许！"我疑惑不解，去思量。

一同练习的伙伴很大声、很专注、很投入、很忘我，我也学她的样子，放下头脑、放下评判，大声、专注、投入、忘我地说出这三句话，同时启动身体去体验、

去感受这三句话。

我感受到，我爸爸愿意看见我优雅的样子，我妈妈也喜欢我的优雅。

我想起，几年前，我妈转述我爸的话，疑惑我为何穿戴得连村子里姑娘都不如。

我想起，我小时候，妈妈经常会给我做各式各样的新衣服，每件衣服上都有她的创意点，我穿着她做的新衣服特别骄傲，因为总有人过来说"看你妈把你打扮得像个城里娃！"可能，我从小的那个"我不属于这里"的想法跟这有关吧，我妈的确期待我去城里过更好的生活。

我想起，我上初中时，我妈给我做的那条裤腿上有个拉链可以显瘦的浅绿色棉裤。

我想起，我去县城上高中时，我妈妈特意给我买了一件当时流行的棉袄，送到学校，而我却责怪妈妈不该花这钱。

我想起，我考上大学，我妈特意骑自行车去阎良，给我买了一个非常漂亮的带有轱辘的箱子。

想起这一幕幕情景，我特别特别难过！

原来，他们允许自己的女儿优雅，他们愿意看见自己的女儿优雅。

原来，不允许自己优雅的那个人是自己。

我不是不允许自己优雅，我只是不想花钱，我只是不想让父母那么辛苦。

对，在让自己穿得好看一些和不想让父母辛苦之间，我选择了不让父母辛苦，而压抑了自己爱美的愿望，久而久之，我虽然有能力让自己重新美起来，但是，我却不知道如何做到了。

这难道不是爱吗？我们都选择了我们自己能够做到的爱对方的方式。

当我感受到父母的感受，我也越来越相信我有资格优雅。

我越来越大声，越来越喜悦，越来越坚信。

我想，被洗礼，就是这样的感觉吧！

一个可以优雅的全新自我诞生了！

嗨，你有资格优雅哦！

是的，我有资格。

我的爸爸允许我优雅。

我的妈妈允许我优雅。

我有资格优雅。

试试吧！

你，也有资格哦！

程语

生活·多彩篇

变我为我们

各位亲，早上好！
今天，问候一下！
今天，自己坚持跑步的第188天，30分钟，4公里！

今天，把我变成我们。
在工作和生活中，看见自己的好，更要看到对方的好！
看到对方的问题时，也更要看到自己的问题！
先做好自己，再支持好对方，相信事情中的问题就可以更好地解决了！
看见我眼中的你，也更要看到你眼中的我！

● 燕园心理：马泽中

芊芊心解　变我为我们

两个人在一起，就能构成关系。在关系里，有你，有我，有我们。

在关系中，我们常常会强调自己。

想想看，在家里，你和另一半吵架时，在你们的对话中，你用的主语是“我”“你”，还是“我们”？你是不是在说，“我”如何如何顾家、付出、委屈，而“你”却怎样怎样不好。对方是不是也在说，“我”不是怎样怎样的，“你”怎样怎样。这样的对话，最好的结果也是不欢而散。

同样，当你和孩子对话时，是不是也在跟孩子说“你……”“我……”，而不是“我们……”？

同样，在职场中，你是不是也常常听到“你错”“我对”的声音，而鲜有听到“我们……”？

当然，你更难从竞争对手那里听到“我们……”这个词。

试试看，如果在所有的场景下，你把主语换成“我们……”，你会想说什么，你有什么感受？把它们写下来看看哦。

语言带有能量。

当你强调“我”时，你就把对方放到了你的对立面，他为了防御、自保，也会强调他自己，这时，你们针锋相对，相互竞争，而竞争一般都会落个“杀敌一千，自损八百”的两败俱伤的场面。

回想上面的场景，你和另一半的争吵，谁赢了？你和孩子的针锋相对，谁赢过？你和同事的对错之争，谁受害？你和竞争伙伴的争斗，谁得益？

在关系中，强调自己，意味着忽视对方；忽视对方，意味着以我为中心；以我为中心意味着我重要、你不重要；我重要、你不重要意味着关系不平等；关系不平等意味着对抗。

每个人都强调“我”，都将“我”的利益最大化，都要别人来满足“我”的需求，以“我”的需求为主，别人都要围着“我”转，为“我”服务。这其实是孩子的思维模式。

孩子的思维模式是“以自我为中心，你要满足我，你为我服务”。但在成人的世界里，强调的是“合作”，强调的是“我们”。

当你强调“我们”时，对方会感受到你的接纳、你的善意、你愿意和他站在一起，你们是一个整体，作为整体，你们相互支持。

从“你”“我”变到“我们”，这是一个蜕变、成长、成熟的过程，很不容易。虽然不容易，可是一旦蜕变成功，成熟起来，注定双赢。

自由联想一下，“我们”是种什么样的关系呢？

同一战壕、支持的、鼓励的、合作的、沟通的、整体、发展、劲往一处使……

再次回顾上面的场景，当你和另一半以“我们”为出发点争吵时，谁赢了？当你和孩子以“我们”为主语沟通时，谁赢了？当你和同事都说“这件事我也有责任”时，谁赢了？当你对竞争伙伴说“我们”时，谁得益？

把我变成我们，也是影视剧经常用到的一条线索。

一对搭档，总有一个人看对方不顺眼，各种打压争上风，而对方并不“care”。最后这个人终于发现，原来需要通力合作才能发挥二人的团体优势。于是，这人眼里的对方变得可爱起来了，二人一体，完美搭档，再无你我，只有我们，影片也在温馨中结束。

昨晚，我就看了这样主题的一部电影，名叫《我们是冠军》，它是根据真实的事情改编的。电影讲的是一个小学组建了乒乓球队并夺冠的过程。这个夺冠之路并不平坦，也有小学生觉得自己很厉害，总想出人头地，教练经常说的一句话就是：我们是个整体，我们都是冠军。最后，就因为“整体赢我们才赢”的理念，大家相互信任，最终拿到了冠军。

我得承认，过去，我就是那个爱说“我对”的人。

当我说“我对”的时候，其实，我是希望别人喜欢我：“你看我如此对、如此好，你怎么能够不喜欢我”。可恰恰是，当我说“我对”的时候，我就同时给别人发了一张“你错”的牌。你说，谁愿意接手一张写着“你错”的牌呢？

每遇到一个我喜欢的人，我就对他说“我对”，满心期待他因为“我对”而喜欢我，而他，拿着那个“你错”的牌转身离开了。

想想看，上面的场景中，对方是不是就是这样慢慢转身离开的呢？

现在，当我打出“我们”这张牌时，大家反而会毫不吝啬地、真诚地夸赞我，夸得我都不好意思了！

你看，当我打心眼里看见他们的好时，他们能感受到，同时，也用看见我的好来回应我！你说，我们之间还有什么问题是需要解决的呢？

不信，你也试试，把“我”变成“我们”！

◎ 程语

美好结局的背后都是用心的坚持

早课—早饭—禅坐！

真心喜欢这种晨钟暮鼓的简单生活，却也真实感受到佛家人的不易和坚韧！

一个小小打坐的背后都是持久的坚持！确实是一个与身体的疼痛并存的过程！

自己在看见结果的时候，确实更要好好地注重过程，注重好好地用心体验、用心坚持的过程！

让自己与ta同在！让自己与ta同行！一起在坚持中坚持前行！

● 燕园心理：马泽中

芊芊心解　为什么总是坚持不下去

新的一年开始了，每个人都会有很多新的祈盼和愿望，有很多新的目标和方向，我们都对未来充满了兴奋和憧憬，也会用很多的仪式感来证明一个新的开始。但然后呢？一个月后、两个月后、半年后……呢？打败很多人、困惑很多人的，似乎从来都不是缺一个新的开始，而是，为什么我总是坚持不下去。在生活中，经常听到这样自责懊恼的声音，包括我自己，有时也会成为其中的一员。

2018年，我为了提升自己的行动力，开始每天晨跑，但在坚持了240多天后，最终还是没有继续下去，因为越来越没有办法协调生活中的很多任务，时间越来越紧张，身体也越来越疲惫。

我的学生们，经常也会在每一个新学期开始做好各种各样的计划，但很多人也在不知不觉中因为没有做到而放弃。直到下一次考试完后，又开始、又放弃，循环往复。

我的来访者，也曾经满怀信心地要去尝试改变自己的固有模式，但后来却觉得越来越困难，多次想要放弃。

这样的例子不胜枚举。如果你去采访当事人的心境，往往都是低落、沮丧而自责的。

“为什么别人就可以坚持下来，而我就不行呢？我真是太‘low’了。”“我真是太没有意志力了，这该怎么办呀？我的人生都无望了！”

很多人因为无法坚持而否定了自己，沉浸在自责的痛苦中，但却没有静下来去冷静地思考一下：“我为什么就坚持不下来呢？我做点什么改变就可以帮助我做到呢？”

先来谈谈为什么很少人去思考。

我们人正常的发展过程就是先有感受，才会有思维。事情一旦发生，我们首先感受到的是情绪。如果情绪适中，我们就可以慢慢地等情绪消退后，去发挥自己思考的能力。但如果情绪过于强烈，人就会被情绪湮没，无力去思考了。所以，如果没有坚持下来这件事带来的是强烈的否定自我，带来的是太痛苦的感受的话，那这个时候我们想做的就是赶紧翻篇，不去考虑这件事，或者赶紧做点什么补救一下去减少痛苦，而不是去思考自己为什么没能坚持下来。但没思考的结果可能就是再一次的重复，兴奋地开始、沮丧地结束。

再来谈谈究竟是什么阻碍了我们的坚持。

至少我听到的理由中包括了以下这些声音。

片段1：“老师，我真的做努力了，可还是一直考不好，我都对自己很失望了，反正也达不到，再坚持有什么意义？”

思考：因为没有达到预期目标而感到痛苦，因为遭遇挫折而对自我产生了怀疑，没有了信心而想放弃。

解决方案：人能坚持下去的最大动力是成就感。设置合理的目标，或是把目标分解，会让我们更容易达成目标，增加自信。

片段2：“我坚持了就一定能有效果吗？”

思考：因为缺乏希望，总觉得自己做了也不一定能收获，所以不能坚持。

解决方案：不是因为有了确定的答案才努力，而是只能用不断的努力给自己带来确定感。

片段3：“本来是打算去做的，结果忙着做××××，就给耽误了。”

思考：也许是时间分配不合理？也许是它在你的心里本来就没那么重要。

解决方案：想一想，这件事真的是你想要去做的吗？如果是，请你一定要为它留出固定的时间，而据实践推算，留时间的时候要大致遵循“预估需要时间×2”的定律，因为一般我们完成一件事情实际需要的时间都是预估时间的两倍。

所以，当我们想要去坚持一件事情时，不妨去想一想，它真的是我内心想去做的吗？如果是，就要为它留出专门的时间，设置合适的目标，不断地体会到成就感、保持自我激励，不断地用行动提升自己的希望！

2019，一起行动起来吧！

杨莉

感受秋天之美

各位亲，早上好！

今天，北京秋天的空气清新！秋高气爽，适合运动！

今天，自己坚持跑步的第192天，30分钟，4公里！

今天，早起跑步，感受到了秋天的美，铺满落叶的道路的美……

一起跑起来！

在这个秋高气爽的日子里，一起走出家门，让自己到户外活动一下，让自己走进大自然，一起感受大自然的清新和美好，放飞一下自己的心情吧！

今天，参加北京心理卫生协会成立三十周年暨第十二届海峡两岸文化论坛！

燕园心理，被评为北京十大优秀团体会员单位奖！

马泽中，被评为北京心协三十周年优秀个人会员！

● 燕园心理：马泽中

芊芊心解　美是感受出来的

我老公很爱爬山。

每次爬山，他都会说，你看这山多美，你看这花多美，你看这树多美，你看……多美！

我老公也爱带我出去玩。

每次，他边开车边说：“快看，那边有个鸟”“快看，那是什么什么（植物名字）”，“快看……”。

每当我被他要求看这看那时，我内心总是很崩溃：我实在看不出这山这花这树有什么美的！我也实在纳闷，开着车还能看见鸟，看见植物，你这眼睛怎么这么厉害！

春天的一天，我步行去学校接女儿，路上看见月季花开得正旺，我想起马泽中博士在他的团体心理动力成长小组布置的作业：拍摄遇到的美景，于是我拿出像素不太高的手机，仔细挑选最美的月季去拍。我用心看了半天，也没看出美在哪里！不管了，先拍了再说。

虽然我没看出美来，但我记住了我寻找美的感受。

在马泽中博士的团体心理动力成长小组上，有一次，马老师给每人发了一根香蕉，并不是让大家吃，而是让大家观察：看看形状，闻闻味道，摸摸手感，最后再慢慢品尝。我很烦这个过程，慢慢的慢慢的，这慢慢的，除了让我感到烦，我什么也感受不到。

什么形状？看不出！

什么味道？尝不出！

什么手感？摸不出！

可能，对于美、对于感受美，我无从下手吧。

一个秋天的中午，我去女儿的学校。路上，看见满地的落叶被风吹起，旋转

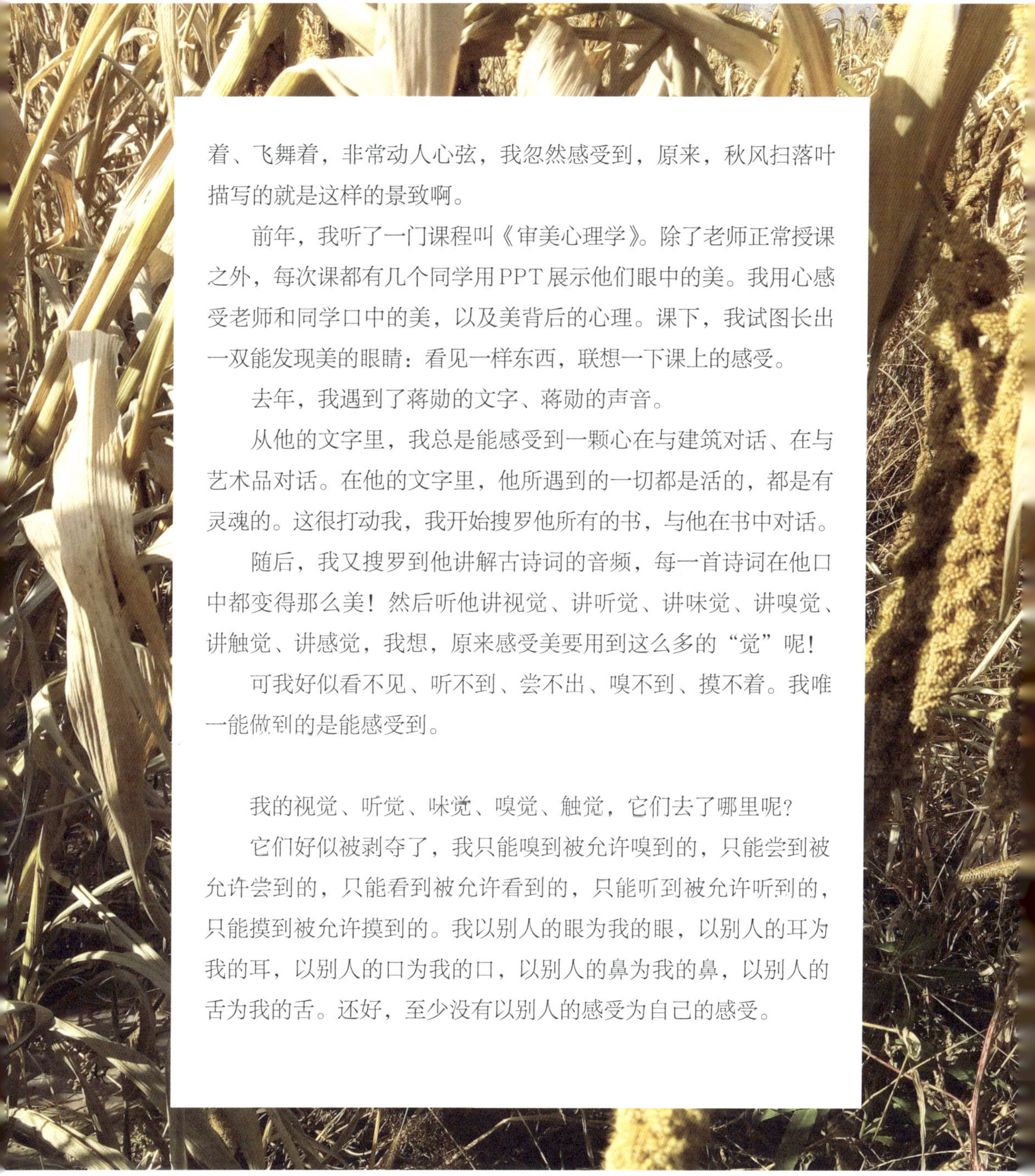

着、飞舞着，非常动人心弦，我忽然感受到，原来，秋风扫落叶描写的就是这样的景致啊。

前年，我听了一门课程叫《审美心理学》。除了老师正常授课之外，每次课都有几个同学用PPT展示他们眼中的美。我用心感受老师和同学口中的美，以及美背后的心理。课下，我试图长出一双能发现美的眼睛：看见一样东西，联想一下课上的感受。

去年，我遇到了蒋勋的文字、蒋勋的声音。

从他的文字里，我总是能感受到一颗心在与建筑对话、在与艺术品对话。在他的文字里，他所遇到的一切都是活的，都是有灵魂的。这很打动我，我开始搜罗他所有的书，与他在书中对话。

随后，我又搜罗到他讲解古诗词的音频，每一首诗词在他口中都变得那么美！然后听他讲视觉、讲听觉、讲味觉、讲嗅觉、讲触觉、讲感觉，我想，原来感受美要用到这么多的“觉”呢！

可我好似看不见、听不到、尝不出、嗅不到、摸不着。我唯一能做到的是能感受到。

我的视觉、听觉、味觉、嗅觉、触觉，它们去了哪里呢？

它们好似被剥夺了，我只能嗅到被允许嗅到的，只能尝到被允许尝到的，只能看到被允许看到的，只能听到被允许听到的，只能摸到被允许摸到的。我以别人的眼为我的眼，以别人的耳为我的耳，以别人的口为我的口，以别人的鼻为我的鼻，以别人的舌为我的舌。还好，至少没有以别人的感受为自己的感受。

我收回了我对自己的各种“觉”的拥有权，我开始使用它们，调动它们，让它们为我所用。

然后，我就遇到了开启我嗅觉的东西——纯天然精油。

然后，有一天出去游玩时，我居然闻到浓浓的花香味。

然后，我开始能够分辨出一朵花和另一朵花的差别。

我开始追求赏心悦目的饭菜，慢慢地咀嚼口中的食物，品尝它的甘甜。

原来，美就在身边。

在这美丽的秋天，感受铺满落叶的道路之美……

程语

感谢生活中的否定和质疑

亲爱的，北京和你，早安！

今天，春天里奔跑，挑战一下自己，愉悦跑出6.2公里！

今天，挑战一下自己，进步一点点，小小地鼓励和肯定一下内心的自己！

工作和生活中，总会遇到他人的质疑和否定，那就好好感谢和接纳！感谢他人让自己看到了成长和进步的可能和机会！感恩他人的如此，也更好地让自己来接纳内心和现实都不完美的自己！

我们自己也总会遇到自己对自己的否定和质疑，这时，应当更好地感谢和接纳它们，因为每一次的否定和质疑，也给了自己突破和蜕变的可能和条件，成长和进步本身就是在一次又一次的否定再否定的过程中实现和完成的！

今天，挑战一下自己！进步一点点！感谢和接纳今天的自己，也就看见了自己的美好与希望！看到了这个世界的美好和希望！

今天，我们一起在春天的希望中继续奔跑！继续2018坚持锻炼的第335天！坚持锻炼时间60分钟，慢跑6公里！

● 燕园心理：马泽中

芊芊心解　真实的自己就是这世间最美好的存在

做真实的自己不容易，或者说太难！

很多时候，我们不愿让别人看到真实的自己，甚至自己也不想看到。

无非是内心的自己布满缺陷、面目可憎，所以，只能将ta深深地藏起来。

无非是我们总想让人看到的都是那个光鲜亮丽、璀璨夺目的自己。

藏是藏不住的，所以只能躲着，时间久了，便不愿见人，躲在了一个人的世界中。

藏也藏不住，就只能乔装打扮、粉墨装饰，时间长了，自己都不再认得自己。

久而久之，自己离自己的心越来越远，无论外界多么热闹，内心却是一片孤独。

很多人因孤独的痛苦来咨询，却不知你自己都离自己那么遥远，谁又能和你靠近？

很多人因人际不良前来咨询，孰不知你本是一只兔子，却非要日日穿着老虎的外衣，又哪里能找到真正的朋友？

一切的缘由都是我们自己不能接受自己。

突然某一日，破釜沉舟，将自己晾了出来，晒在阳光下，却发现世界并没有大乱，反而有人发出惊喜，原来真实的你如此可爱。

才突然发现内心毫无羁绊、自由的感觉是如此美好。

那一刻，才明白，这么多年来，竟是自己禁锢了自己。

真实的自己就是这世间最美好、独一无二的存在！

杨莉

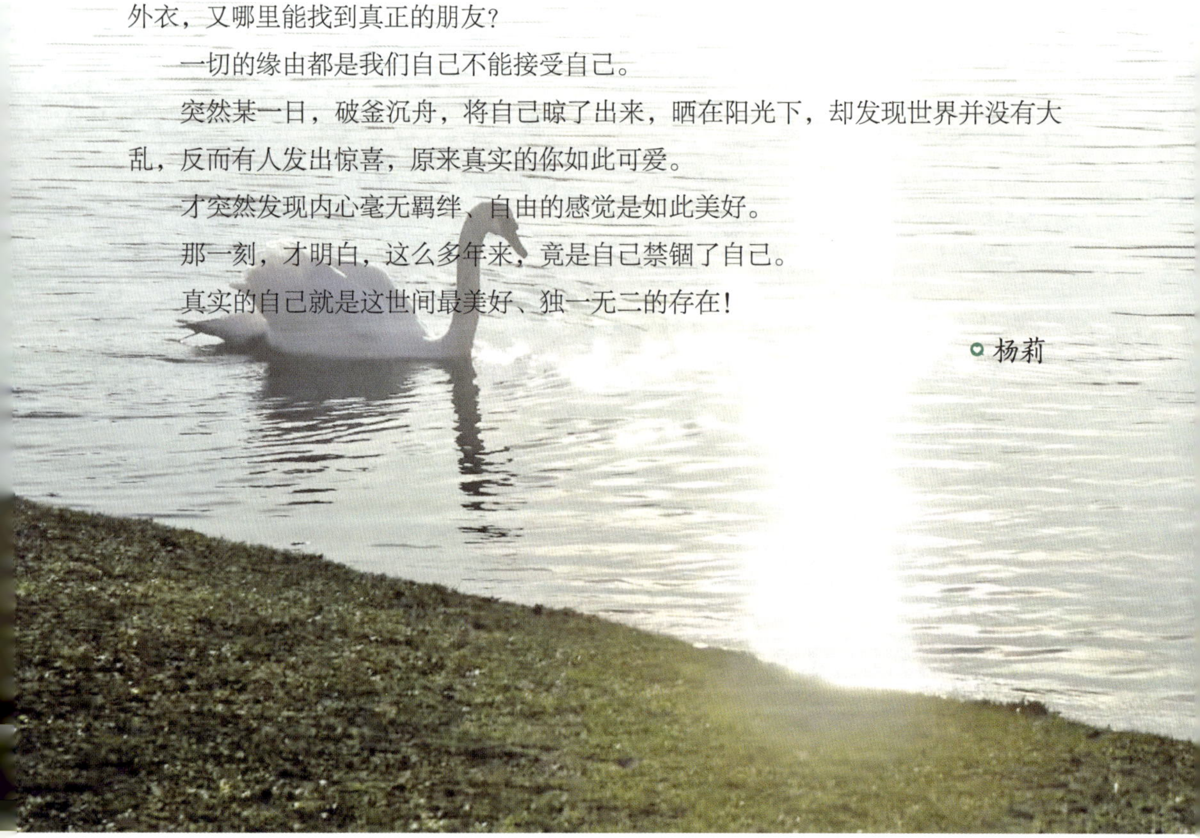

生活犹如一场交响乐

亲们，早上好！

今天，自己坚持跑步锻炼的第197天！30分钟，3公里！

今天，一天的心理工作坊，期待中……

今天早起的感受：

生活犹如一场交响乐，我愿意接纳和欣赏乐队中的每一种不同的声音！我愿意成为这场乐队的指挥家，一起谱写我们生活的魅力华章！

● 燕园心理：马泽中

芊芊心解　生活犹如一场交响乐

生活像什么？

在看到马老师的这段分享之前，我从未想过这个问题。

一时之间，我想象不出“犹如一场交响乐”的生活，会是什么样的生活。我也想象不出我的生活如何和“交响乐”有关联。

交响乐的场面铺排，阵仗很大，二三十种乐器，没个三四十人玩不转啊，各种声音，各种音色，实在是太丰富了。

我只能这样开始对“交响乐”进行自由联想。

对了，就是丰富二字。

对我而言，交响乐就等于丰富，犹如交响乐的生活就等于丰富的生活。

可我的生活却是一场空白，没几个音符，没几个颜色！这让人痛心。

我压制了生活里的许多声音。

当我想悠闲地散步时，这个声音说；“你不可以。快回家做饭吧！”

当我想静静地听歌时，这个声音说；“你不可以。快去洗衣服吧！”

当我想哭泣时，这个声音说；“你不可以。快站起来！”

当我想愤怒时，这个声音说；“你不可以。要宽容大度些！”

……

这个以“你不可以”开头的声音，像鼓点一样催促着我：“快快快”，而我并不知道，催我快的那个声音，到底要让我干什么！而我就盲目地跟着这个声音，跑呀跑呀，一刻不停。

终于有一天，我很累，再也跑不动了！我听到一个声音说：“你到底为什么跑呀跑？”

我说：“我不知道啊！”

于是我去寻找原因。

我找到了我的其他声音。

她说，亲爱的，慢一点，你可以闲庭信步。

她说，亲爱的，相信自己，你可以追求优雅。

她说，亲爱的，没必要每时每刻都做有用的事情，你可以浪费点时间。

她说，亲爱的，你就是喜欢舞文弄墨，这没错。

她说，亲爱的，不要害羞，大胆承认，你就是喜欢内心丰富的灵魂。

她说，亲爱的，你不敢相信吧，你竟然会爱上运动。

她说，亲爱的，是不是很让人吃惊，你竟然可以去大声歌唱。

她说了很多，我也做了很多。

我的笑点变低了，我的笑声开始肆无忌惮，发自内心了。

我尝试了许多我以前认为不可以、不能、不敢的事情，我终于找到那件我最想做的事，我以这件事作为我未来人生的主旋律，并配以其他音色。

我变成了一个立体的人：我有时是这样的，有时是那样的。而过去，我永远只有一个模样。

我的生活有了很多音符，它们由不同的乐器奏出，轮流出现在我每天的生活当中，并且不断有新的乐器加入。

也许，我的生活也快成为一首壮美的交响乐了吧，而那个指挥就是我自己。

程语

有时候，话要少一些

亲们，早安！问候周末你好！
今天，双十一，又是周末，你加入购物了吗？购物愉快！
今天，自己坚持锻炼的第206天，时间50分钟，6公里运动！

今天，与你一起分享：
止语！今天，挂单！休息！
本周感冒，前天晚上突然嗓子哑了，失声啦！
人生哟！有时不能话太多，尤其是好为人师的老师。
真的，有时候，话要少一些！甚至不说话！
昨天，今天，我就需要不说话。
止语，止观内心止语无处。
其他，由你来说……

● 燕园心理：马泽中

芊芊心解　不说话，有时是最好的说话

像大多数人一样，有时，我话多，有时，我什么也不说。不说，不代表没话可说，只是气场不合而已。

自从参加了燕园心理马泽中博士的团体心理动力成长小组，我常听到一个叫做“倾听”的词。后来才知，“倾听”是心理咨询师的一个基本能力。

对于花钱，我有个执念：要物超所值，物有所值，不能浪费了钱。所以，在小组里，我才不管什么倾听不倾听的，我必须说话，我只管说我想说的话：我的困惑、我的问题、我的观点。我说了话，我才觉得我的钱未被浪费，我才能最大程度的有所收获！

这时候的我是好争辩的。

不知从哪次起，我在小组里的开场白变成了“今天我想分享两个感受……”

我依然在说，但我没有那么迫切了；我依然在说，但我不仅仅只想说，只想表达，只想被听、被理解。我开始描述我的感受，我说的目的是为了得到大家的反馈和回应，也就是说，我说的目的是为了听。

然后，我在小组里慢慢闭上了我的嘴。我用心去听别人的话，努力不被表面的言辞和事件所迷惑，尽力用心分辨言辞和事件背后对方真正想表达的情绪：委屈、愤怒、悲伤、无助，以及隐藏在这些情绪背后的心理需求：期望被关注、被理解、被看见、得到爱。如此，你才能回应到对方的心坎里。

然后，生活里，我也闭上了嘴。

我闭上了嘴，不等于我没话说。我只是不跟外界对话了，我转而跟我的内在对话。

以前，当我焦虑的时候，我总想找个人诉说。当我闭了嘴，学会了跟我的内在对话时，我把我的问题、烦恼、悲伤、喜悦、无助、害怕、担心、不安统统写给她，她又把答案写给我。我就这样写呀写，终于找回了我每个感受的来源。

张德芬说：“亲爱的，外面没有别人，只有你自己！”

当我跟我的内在对话时，无论一开始我的情绪多么强烈，我也会在对话的过

程中慢慢发现一些关于我自己的不一样的东西，这些东西让我有种恍然大悟的感觉，让我看到我自己。看到自己对自己的认知又多了些时，我就会变得越来越坦然安稳。

这大约就是自己与自己链接上的感觉吧！

当自己与自己链接上了，真的不需要对外发声了。我因此在现实生活中也不需要找人说话了，我就事论事，全力做好每件事情就好。

“独处”的能力大约就是拥有自我对话的能力吧！就事论事大约就是闭嘴后的结果吧！

闭上了嘴，耳朵就自动打开了。

我开始享受听别人说话。这种感觉很奇妙。

因为能够听到言辞和事件背后的情绪和需求，我听到抱怨背后的无力感和对链接的需求，以及对爱的渴望；我听到恐惧害怕背后的无助和孤独，以及对爱的呼唤；我听到坚强背后的孤单和无人支持，以及对爱的绝望；我听到担心背后的惶恐和不安全，以及对爱的不确定……言辞和事件千万样，情绪就那么几种，需求也那么几种，最终全都汇聚在“爱”上。

听懂了这些，无论发生了多么激烈的事情，无论别人告诉你事情时的情绪有多么激动，你还会着急吗？不，你不会。你会从容不迫地应对，听他诉说，给他慢慢平静的时间，你稳稳当当的状态就在说“别着急，慢慢说，我理解你，你惊慌失措是对的，你愤怒是对的，你害怕是对的。”这种稳当能安慰人，能让人安静下来。

打开耳朵，意味着关闭了评价体系，我再也不敢对别人妄加评论了。每一个灵魂都活得那么不容易。我只想祝福你！因此，你所说的，站在你的立场上都是对的、都是有道理的。而我，除了闭嘴，除了理解，还能说什么呢？

不说话，闭上嘴，止语，倾听，理解，祝福……

程语

阳光和影子

亲爱的，早上好！

我回来啦！今天正式回到北京了！开启一天早晨的跑步！恢复间隔三天的锻炼！早晨起来感觉天气舒服多了！

今天，自己坚持锻炼的第297天！坚持锻炼时间40分钟，快走3.8公里！

今天，对自己咨询中的一点很有感受，写出来分享给你：

在我们彼此的恋爱婚姻关系中，我们一方面渴望获得勇气和能力，去追求和获得自己想要的，而另一方面，我们有没有迈出第一步，去开启积累自己获得想要的东西所具备的能力呢？

其实，还有一方面，我们有没有勇气和能力，看见自己目前已经拥有的东西呢？

犹如，看见自己的影子，就看不见阳光！看见阳光，就不会看见自己的影子！

其实，阳光更多的时候是用来感受温暖的！

在一段持续的恋爱婚姻关系中，在不同阶段，关系都有很大的内在变化，而非固定不变，面对内在关系的变化，我们是努力地改变他人呢，还是积极地改变自己、成长自己呢？

其实，面对关系中的ta，自己的欲望越大，需求越多，在关系的结果中，自己的付出也会越多，纠结也会越多，成本与代价也会越大，由此，我们要一起学会寻求关系变化过程中的动态平衡力和动态成长力！

动态的平衡来源于动态的成长！

●燕园心理：马泽中

芊芊心解 一朵美丽盛开的向阳花

一个温暖的拥抱后，一身长裙的晓雯款款而去。留在她身后的我不禁感叹如今的晓雯多么温柔、平和，给人一种岁月静好的感觉，宛如一朵正在徐徐盛开的向阳花……

三年前的晓雯经常流泪

"有本事你就走，你走，走了就永远不要回来……"

"你这个泼妇，真是不可理喻，你一个人过吧……"

伴随着夜色中晓雯凄厉地哭叫声、吵闹声，志强头也不回地摔门而出，只剩下战争之后犹未散尽的浓浓的火药味和一种突然安静下来之后的可怕。空荡的屋子中，昏黄的灯光仿佛正在一点点被黑暗吞噬，让晓雯有一种喘不上气来的窒息感和一种巨大的失落和恐惧，她感觉身体有点软，仿佛全身的力量都被抽空了，脑子也有点晕，好想休息一下，只是现在还不行，因为身后5岁的女儿还在哭泣，刚才宝贝一定是被吓坏了，她赶紧转身抱住了光着脚站在地上哭泣的女儿，一边安抚着，一边心里一片悲凉。

半个小时过去了，女儿终于依偎在自己身边睡着了，看着这脸上还挂着泪痕的小人儿，手紧紧地抓着自己，偶尔还能听见她在梦中啜泣的声音，晓雯的心都要碎了。她轻轻地起身关了灯，躺在黑暗里，慢慢安静下来，任由思绪飞舞。

……

记不清这是第多少次争吵了？反正每次争吵的结果都是如此，晓雯大声地喊叫，志强一声不吭，最后摔门而走，把她和女儿独自扔在黑暗里，他们之间似乎总隔着一道说不清楚的屏障，只能以争吵结束。

今天又是因为什么争吵起来的呢？晓雯努力回忆着。

好像也没有什么太大的事情。晚上和老公这边的家人一起出去吃饭，本来都是开开心心的。但在点菜的时候，老公特别殷勤地招呼着每一个人，让大家都多点些自己爱吃的东西，等到要轮到晓雯时，老公却似乎把她遗忘了，压根没问她，就把菜单给了服务员。她当时心里猛地一沉，觉得有一种熟悉的悲凉袭来，但并没表现出来。整个过程中，大家都谈笑风生，她也尽量开心，努力压制着自己的不快。没想到在上主食时，老公居然又忽略了自己的存在，连婆婆都说让晓雯要个她喜欢吃的，老公却一再说："没事，妈，够了够了……"

这样的忽略让晓雯心里一阵难过，她再也无法装作没事人一样，从那刻起，她开始不吭声不笑，不想再和老公说一句话。她希望用这样冷淡的方式让他看到他对自己的忽略，看到他的错误，希望他能够问一句、关心一下她，就可以过去了，他们就可以继续开心地把饭吃完，但他却似乎什么都没有发现。

可回到家，他却首先开始了质问："和我家人吃顿饭，你一直黑着张脸给谁看？"她先是满脸惊讶却慢慢痛苦地闭上了眼睛，一声都不想吭。"原来他全都知道，他全都看见了，可是他居然没有问我一句为什么不高兴，反而在指责我破坏了他们的宴席。"她什么都不想说，也说不出来，只有一种至深的孤独和委屈弥漫上来，让她更加觉得不想去面对他。是呀，说什么呢？"难道要让我说你为什么不让我点菜？你为什么连个主食都不给我要？是这个问题吗，好像又不是！还是要让我去申诉你为什么可以照顾到每一个人，却会忽略我的存在？而且即便说了，你会承认吗？以前难道没有说过吗？""更何况，一说又要吵架，又要把孩子吓着，最后的烂摊子还得自己来收拾，有什么好说的？"边想着，晓雯的眼神变得更加的冰冷，倔强地瞪着志强，一声不吭。

志强似乎也觉得烦躁，不愿再多说什么，转身进了书房，锁上了门。

疲累的晓雯开始独自给女儿洗涮、收拾，让她上床睡觉，她多么希望这时志强可以走出来帮她一下，他们就可以缓和，可一分钟一分钟过去了，只有书房里面不断传出的电脑游戏中的枪击声，晓雯的心越来越烦躁，越来越无法忍受，终于，一种巨大的委屈和愤怒向她袭来，让她不由自主地"哐"一声推开了书房的门，站到了志强的面前。

随后接下来的过程便又是和往常一样，晓雯要和志强谈清楚，而志强却只盯着电脑，用沉默和冷漠来回应晓雯的哭诉，晓雯忍无可忍，要去关志强的电脑，志强最终摔门而走，留下了愤怒不已的妻子和被吓坏的女儿。

……

漫长的夜啊，究竟什么时候是个头？

……

独自躺在夜色中的晓雯，仿佛又想起了自己小的时候。

爸爸妈妈也总是吵架，谁也不让谁，有时还会摔东西。那时她还小，经常在睡梦中被吓醒，周围一片黑，她好害怕，跑出来，就会看见爸爸妈妈又在吵架，哥哥倔强地站在门口看着，有时会搂住她。不管她怎么祈求、怎么哭，爸爸妈妈似乎总是听不见。吵完架，妈妈经常就会走，爸爸就会带着幼时的她去找妈妈。有一次，他们摔了她心爱的一个玩具，她觉得自己的心也哐当一声碎了……

长大了，她一直想找一个爱自己的人，她发誓一定要和对方好好相处，绝不吵架，不让自己的孩子受到任何伤害。可是现在……

想到这里，一种无奈和自责深深袭来，她轻轻地抚摸着女儿熟睡的脸庞，两行苦涩的泪顺着脸颊滑落……

在痛苦中走进了心理咨询室

后来，晓雯终于在痛苦中走进了心理咨询室，她不希望就此放弃，不希望女儿过和她曾经一样的生活，她希望自己可以改变这一切。

时光慢慢流逝，在心理咨询师的陪伴下，晓雯的情绪慢慢平复下来，开始可以慢慢看清自己和老公之间的矛盾，打开自己的伤口、处理自己曾经原生家庭的创伤，了解自己的内心，慢慢修复治愈。一次次咨询的效果在晓雯身上越来越明显地得以体现。

在这个过程中，她慢慢了解到，在自己的内心一直住着一个特别害怕被忽略、被抛弃的小女孩，很希望有一个温馨、稳定的家庭，很希望别人能够主动来关心爱护自己，好让自己感到是安全的，是值得被爱的。但另一方面，她又一直被束缚在自己过去的感受和经验中，不相信别人会始终如一地爱自己，所以会非常敏感，在意别人的一举一动所表达的意义。如果她能感受到对方的善意，就会很安全温暖；如果感到丝毫的忽略、拒绝和敌意，就会激发起她内心的恐惧，变得像只小刺猬一样，用刺来包裹自己，用刺伤对方的方式让他来感受到自己的痛，了解自己的需要，而不是温和地告诉对方。因为她不敢，她害怕被拒绝、害怕再次体验到过去那种无论怎样祈求、哭诉，都得不到理解，还要被指责的感觉。

这使得她在寻找老公的时候，偏偏选择了一个很容易忽略她的对象，希望能借此在今后的生活中去改变他，就可以重新改变她小时候的经历和感受，但却不由自主的再次重复了自己小时候的感受和生活，这就是心理学中所说到的“强迫性重复”。而她或者冷战或者哭诉的沟通方式也使得她和老公之间的矛盾越来越深，伤害越来越大。

在了解到这一切如果不及时终止，也很有可能让女儿再次重复自己的命运时，晓雯下定决心一定要改变这一切，终止这不幸的命运链条。

她开始意识到一个人永远无法改变别人，只能去改变自己。她开始了解到每个人的内心都有一个“储爱槽”，只有当中间的爱是满的，才会自然而然的有爱流出来，流向别人。而之前，她和老公的“储爱槽”都是不满的，都总是希望和对方来要，来填满自己内心的需求。正是这种不断地索取，让他们彼此越来越干枯，仅有的爱也越来越少。而如果想改善关系，首先要先学会爱自己，让自己内心的爱保持平衡，才能够和对方去交换，来保持爱的流动。

所以，晓雯学会了觉察，每当再次有被忽略的难受袭来时，她都会首先去区分，这种难受究竟是当下的感觉，还是小时候痛苦的感觉被激活？这种不断提升的觉察让她可以从情绪中抽离出来，对当下做出一个理智的判断。

同时，她也越来越学会去爱自己。她会在固定的时间去做自己喜欢的事情，而不像过去一样永远把别人放在首位。在累的时候，她学会了让自己放松一下、休息一下，给自己一个发呆的时间，或者和朋友一起去茶室喝个茶，而不是像过去一样总觉得很多责任没完成。在承担不了的时候，她开始慢慢练习着和老公说出自己的疲惫，和自己对他的期望，而不再总是希望别人会主动看到。即便在遭到拒绝时，她也不会受到很大的伤害，而是告诉自己每个人都有自己选择的权利，而不是因为我不够好才不被满足。她开始变得越来越稳定，越来越温和，越来越自信。

岁月静好

再次看到她时，我仿佛在她身上看到了岁月静好的影子。命运也许会去折磨一个人，却永远无法让一个向往美好的人屈服。如今的她就像一朵美丽盛开的向阳花，相信她的人生会越来越美！

◎ 杨莉

止语

亲们，早上好！

今天，周末愉快！

今天，自己坚持锻炼的第213天！时间50分钟，6公里运动！

今天，跑步感觉有些冷！开启了冬天的模式！

今天，分享一下：止语——休息！

●燕园心理：马泽中

芊芊心解　止语

止语就是不说话。

不说话至少有以下两层含义。

一是对世事了然于心，无需说。

二是扮演人生角色时，需要说很多话，卸下角色做自己时，终于可以歇一歇，不用说话了。

这都是很高的人生境界。

我作为芸芸众生中的一员，爱说、能说，不放过表达自己的机会。

表达自己，其实是希望别人理解自己、认可自己，也恰恰说明，小时候没有获得过理解和认可。

可是，其他人也如我一样迫切地想表达他自己，也希望别人理解他、认可他呀！

两个，或者许多个，都在迫切表达、寻求理解和认可的人，能听见对方的话吗，能真正给到对方期望的理解和认可吗？

当然不能！

只有当这些表达被对方理解、认可了，转化才可能发生，我们才能真正闭上嘴，去探寻新的可能。这首先需要对方是一个好的倾听者，而最好的倾听者是心理咨询师。

我人生中的表达经历了四个阶段。

第一阶段：不表达。

不表达不是不想表达，而是怕表达后受到伤害。那些伤害来源于反驳、批评、指责、讲道理，因此我需要确认安全我才会表达。

第二阶段：表达但无效。

委曲求全不表达的我，被误解、被碾压，一次导火索事件后，我放下脸面，跟人诉说，体会到诉说的爽（诉说是缓解焦虑的一种方式），从此开启诉说模式，以求理解与支持。

此阶段的表达虽然爽，但却从未被理解，从未被认可，更谈不上转化。

第三阶段：表达并被理解。

然后，我遇到了一个人，我的表达不仅能被她理解，而且，她就像我肚子里的蛔虫，能代替我说出我真正想表达的核心意思，以及为什么。我被她理解、被她认可、被她支持。

我开始读她推荐给我的书，开始了解NLP、了解心理学、了解心理咨询。她用她的理解和认可一点一点领着我进入到心理学的世界中。

第四阶段：表达并被专业地理解、认可、支持和转化。

我于是找到了燕园心理，遇到了马泽中老师，我的表达开始被专业地理解、认可、支持和转化，这是最有意义最有价值的阶段。我像照镜子一样从马老师的反馈中看到了我自己的模样。

我并不是一下子就看到我自己的模样的。我是这一周照出了这一点，下一周照出了那一点，下下周又照出了另一点。我就这样照啊照，终于能照出自己的全貌了。

然后我学会了在生活中照镜子。我把生活中遇到的每个人都当成我的镜子，通过我对他们的感受继续丰富我的全貌，让我变得更加立体、更加细腻。

终于，大多数时候，我能闭上我的嘴巴了，偶尔忍不住才去表达自己。当我又忍不住表达自己的时候，我问自己：“为什么这么迫切？你想得到什么？”这样一问，答案就出来了，而我闭嘴的时间又久了一些。

作为一个心理咨询师，作为一个沙龙带领者，全然的倾听是最为基本的素质。

作为一个好的领导者，全然的倾听一定会助你一臂之力。

上周，我终于体会到全然倾听的魅力！那是在燕园心理学院的“沙龙导师读书会”上。原来，不说话，认真听，也能收获那么多！

真正的止语，不仅仅是不说话，而是，了解自己之后的淡定和从容，知道“这是什么场合，我在这个场合的身份是什么，在这个场合和身份下，我该说什么”。

真正全然地和自己在一起，体会内在和外在的世界，就会懂得止语之妙！

◎ 程语

关系是动态的

亲们，早上好！

今天，自己继续坚持锻炼的第268天！时间30分钟！跑步3.3公里！

今天，看见自己：

看见自己，想想我们彼此的关系。在我们彼此的关系中，或许存在三个阶段：过去关系、当下关系和未来关系！

若是当下关系出了问题，要么想想过去关系，关系的原点，我们一起的出发点，我想要什么；要么想想，未来的关系，我们关系的希望，我未来想要什么。这样才会更好地回到当下的关系中！

我们彼此的关系是一个动态的关系过程，学会在彼此之间关系的经营中，成为关系的获益者，尤其是在亲密关系的经营中！

其实经营好关系的原则或许很简单：在10分的利益关系中，自己在成就他人7分关系利益的过程中，也让自己获得3分的关系利益！要么，作为关系的经营者，成就他人3分，自己获得7分，也可以！关系的利益成就过程，其实也是一个动态的经营过程！

今天，我们一起建立关系，改善关系，经营好自己的关系！

● 燕园心理：马泽中

芊芊心解　关系也需要成长

面前的婷干净清丽，但却显得有些颓丧，无力地闭着眼睛靠在椅背上，似乎身上有一副千斤重担让她喘不过气来。访谈开始后，她的急切开始慢慢显露，语速加快，情绪也越来越激动，仿佛有莫大的无奈和冤屈需要一吐为快。在她的诉说中，我了解了她此时所遇到的困境。

婷来到咨询室是因为和女儿的关系。

婷的女儿玥现在15岁，今年考上了大家都梦寐以求的重点中学，读高一。婷和家人也万分高兴，但就在她专门花重金到学校门口租了房子，打算好好陪女儿度过高中三年时，她和女儿之间的矛盾却越来越激化了。

从小就十分优秀又很顺从的女儿，突然变得暴躁而叛逆，经常对婷和老公发脾气。无论他们问什么，女儿不是闷不吭声，就是直接关门回到自己的房间，不愿和他们做任何交谈。最近更是提出要住宿舍，不回家住了。这让婷非常接受不了。刚开学就已经花重金租了房子，就是为了陪读方便，现在女儿却说不住就不住了，经济上遭受很多损失不说，自己的内心也感觉非常的痛苦、委屈，不知究竟发生了什么？

从小这个女儿很听话，她也全身心的一切都是为了这个孩子，接送、辅导作业、能满足的尽量都满足，她们之间关系也一直都很好。但不知为什么，从上初二以来，关系突然就恶化了，女儿经常嫌她唠叨，顶撞她。最初她觉得孩子可能是青春期叛逆，没怎么在意，尽量忍耐，但没想到现在却愈演愈烈。更让她担心的是女儿的学习问题。重点中学本来竞争就激烈，女儿却反而不在状态，老师说她作业也不太好好做，只想着玩，很聪明就是不用心。但现在自己和她说任何话都不管用，她就好像一点也不在乎自己的成绩。作为爸妈，他们现在非常担心却只能干着急，感觉非常痛苦又无奈，想撒手不管又很焦虑，深怕这孩子不懂事，把自己给耽误了。所以她来寻求帮助，希望咨询师能够指导她该怎样去解决。

在咨询过程中，咨询师慢慢地帮婷 去看到她和女儿关系中的一些盲点。

首先是“边界”问题。

在这个关系中，婷和女儿的边界似乎很不清晰。对于女儿的学习，婷比她要着急得多。婷会主动给女儿买各种复习资料、会每天给女儿布置一定额外的作业，甚至会不断指导女儿的学习方法。在女儿小时候做作业时，妈妈就坐在旁边来陪读，现在似乎还是要把这个模式持续下去才放心。

这样的方式其实代表了妈妈和女儿的边界是不清晰的。心理边界犹如一个人心灵的大门，用来保护我们的心灵空间，抵御外部的侵犯。

妈妈的做法会让女儿不清楚自己的心灵领土。这个不清楚既包括不知道自己的权利，容易被人侵犯；也包括不知道自己的责任，不知道哪些是需要自己承担的。这往往就会造成一个孩子既叛逆又依赖的特点，用反叛来保护自己的权利，又用依赖来逃避自己的责任。这种情况在青春期的孩子身上尤其常见。所以，在这个例子中，女儿就是在用沉默、叛逆的方式来维护自己的心理边界。

其次是关系的“僵化”问题。

在这段关系中，咨询师会发现至少有两个点是僵化的。

一方面，妈妈似乎没有注意到自己的女儿在不断长大，她的需求也在不断变化。小时候，孩子需要妈妈的呵护和陪伴，所以妈妈那种无距离的关心是女儿渴望的，这也是小时候两人之间关系很好的一个基础。但随着女儿的长大，她的自主意识在不断增强，当她渴望自己去体验丰富的生活，自己去做出判断和选择的时候，妈妈却没有及时地退出给了孩子充分的空间，而是因为越来越在意孩子的学习，把她看管得更严，这对于孩子的自主性是一个极大的挤压。女儿也曾多次试图和父母沟通，但父母总是嘴上当时答应了，转而还是照旧，这让女儿不得不采用了更为激烈的反抗方式来把妈妈推开，让她知难而退。所以有句话叫：“青春期的孩子用激烈的反抗来和父母分离。”这说明妈妈在孩子的成长时间上没有注意到不同阶段孩子的需求，及时给予关系上的调整。

另一方面，二人之间的关系角色也是僵化的。在这段关系中，似乎妈妈总是在扮演一个无私的付出者的角色，而女儿就是那个享受的人。但父母往往又会用这种付出的方式来对孩子形成“情感绑架”。一方面女儿享受着妈妈的这种照顾，自己的能力发展受到限制，让她在对外探索时一定会遭遇到挫折，这时她是有很多的愤怒的。另一方面，因为妈妈虽然是一个付出者，但也是一个控制者，需要女儿用听话、用学习好作为妈妈付出的回报。女儿如果不听话，就会被指责为白眼狼，需要去承担很多的内疚感。这种僵化的角色让女儿无力改变，又对妈妈有很大的愤怒，在这个时候就以这种叛逆的方式表达了出来。

当咨询师慢慢向婷讲出这样的一些问题后，婷逐步理解了女儿的反抗在某种程度上是在捍卫自己的领地，是被迫在用激烈的方式来对他们之间的关系做出调整，这是她走向成长的必经之路，而作为妈妈的她需要慢慢退出女儿的生活，给她以探索、发展的空间。她的心也终于放了下来，表示自己也确实忽视了身份间的一些变化，一直把女儿当一个小女孩儿看，导致关系走向了僵化，自己会去努力做出调整，给女儿尊重和理解。

两个月后，婷和女儿一起来了一次，这次她们的关系已经有了明显的好转。女儿正在主动补习前面落下的课程，婷也基本停止了对玥的生活和学习的干涉，也同意女儿可以有时到宿舍居住，体验和同学在一起的生活。她们都表示以后会学习一些心理学，来帮助自己的生活。

可见，关系就像一段生命，它是活的，是在不断发生变化的，有时是因为时间而变化，有时是因为角色而变化，有时是因为环境的变化而变化。总之，再好的一段关系也不能固定、僵化，需要不断看到其中的变化，做出相应的调整来适应它的发展。

关系也需要成长!

◎ 杨莉

最容易改变的是自己

亲，早上好！问候早安！

今天，早起啦！周末愉快！

今天，自己坚持跑步锻炼的第227天！时间50分钟，5公里+健身！

今天，分享一下：

自己内心若改变，自己的态度就会跟着改变！

态度改变，自己的习惯就会跟着改变！

习惯改变，自己的一些模式就会跟着改变！

模式改变，自己对待人生的方式及行动就会跟着改变！

或许，自己不需要总想着去改变他人、改变世界！

或许，首先需要改变的是你自己。

最容易改变的就是自己哟！

● 燕园心理：马泽中

芊芊心解　最容易改变的是你自己

在关系中，我们都想让自己自在、舒服。让自己自在、舒服没有问题，问题是如果我们让自己自在、舒服的方式是让对方变得如我所愿，那这是不可能的。

你无法改变另一个人，原因如你所知的那么多。最重要的原因其实是，他也执着于让你变得如他所愿呢。

你无法改变一个人，但你可以改变你自己：改变自己的内心世界，改变对世界的看法，改变对人对事对物的态度，从而让自己自在、舒服。

也许，小时候，你活在父母的战争里，幼小的你以为这个世界充满了硝烟。

也许，小时候，你活在父亲的指责里，幼小的你以为这个世界充满了敌意和指责。

也许，小时候，你常听到母亲的抱怨，幼小的你以为你要让这个世界满意。

也许，小时候，你在和兄弟姐妹竞争父母的爱时总是处于弱势，幼小的你以为这个世界充满了不公平。

也许，小时候，你被寄养到亲戚家，幼小的你以为你被父母抛弃，一直苦苦追问为什么父母不爱你。

……

于是，为了保护自己，你穿上了盔甲。如果你觉得被侵犯，你就用幼时学到的

方法与这个世界对抗。那些方法也许是抗拒、指责、回避、抱怨、讨好，也许是努力、强大、竞争，也许是拒绝爱，也许是……

无论是哪种，亲爱的，你知道吗，你一直在用幼时的眼睛看待这个世界，用幼时学会的方法对待这个世界，而忘记了：现在，你已经长大，你可以，也有能力，睁开眼睛重新认识这个世界，用新的方法对待这个世界！

真相是：父母的战争虽然可怕，但父母的战争跟你没关系，他们之外的世界依然美好，更重要的是，也许他们就是用打架这种方式相爱呢！

父亲的指责虽然让人觉得不舒服，但当你理解：他想教导你，可他的教导方法中只有指责这一项时，你是不是会对他心生慈悲呢。

母亲的抱怨虽然让人内疚头疼，但当你理解：她的抱怨里藏着深深的被理解被关注的渴望时，你是不是对她多了些心疼呢。

在物质匮乏的年代里，父母也许要把资源倾向于某个孩子，但这并不代表他们不爱你，只是，那时，这是他们能做的最好的权衡，你是不是因此改变了内心意象，多了些坦然接纳呢。

你被父母寄养到亲戚家，也许恰恰是因为你是那个最被他们看重和喜爱的孩子，因为在亲戚家你能获得最好的资源，你是不是因此体会到了他们做选择时的纠结心情呢。

所有这些，你不仅仅是在理解父母，更是在深刻地理解那时的你自己。

只有深刻地理解了你自己，你眼中的世界才真正开始改变了：世界上有硝烟，但又不像你以为的那样不安全；世界上有敌意，同时也有善意；耳边有抱怨声，但你听出了抱怨背后渴望被理解、被关注的诉求；世界依然没有绝对的公平，但你很开心你是付出更多的那一方；只要你不抛弃世界，世界永远不会抛弃你！

你越来越放松，越来越容易被感动，越来越能发现世界的可爱之处，你也越来越感到自在、舒服！

世界还是那个世界，对方还是那个对方，你改变了，你的世界也改变了！

自在、放松、舒服的状态也许更有创造力！

愿你变得越来越美好可爱，愿你更加自在、放松、舒服！

◎ 程语

小细节决定大成败

亲，问候周三早安！

今天，自己继续坚持跑步锻炼的第262天！时间35分钟，跑步4公里！

今天，看见自己：

工作和生活中，小事积压多了就成了大事！小问题积压多了就成了大问题！小细节积压多了就成了大障碍！

由此，解决大事要从关键的小事入手！解决大问题要从关键的小问题入手！解决大障碍要从关键的小细节入手！

相信自己和团队，我们一起来用心挑战和战胜困难！

● 燕园心理：马泽中

芊芊心解　幸福就是当下的每一个小开心

荒凉的沙漠里，一株小小的绿植就可能带来希望。

漆黑的夜色里，一星昏暗的灯光也会带来温暖。

艰难的行走中，一个简单的搀扶有可能改变一个心灵。

一个细节有可能改变一段生活……

很多时候，我们会忽视一些细节的重要性，而去把生活想得很复杂。

比如，我们总以为自己的生活幸福与否，是由那些成功失败、出生死亡这些重大事件来决定的；总以为自己的不快乐、痛苦都是一些无法解决的大困难导致的；总是认为很多问题积重难返，很多矛盾积怨已深……

当这样定义一段生活时，我们就会深深地感觉到，想要改变的困难是如此之大，寻之无路，只会让自己更加无力、无助、痛苦、焦虑。

当这样定义一段生活时，就会忽略生活中很多本来可以去改变的小细节，而把目光只盯着那个自认为重要的核心矛盾、核心问题，总想一下子就解决掉那个最麻烦的核心问题，似乎只要这样，生活从此才可以安枕无忧，没有问题了。

真的是这样吗？

答案当然是“no”。

问题是永远解决不完的。生活本来就是由一个又一个问题组成的，解决掉这个，还会有新的矛盾、问题形成。所以，如果想一劳永逸，只会成为问题的奴隶。我们只能带着一种与问题和平共处、和问题共生的心态，既不逃避问题，又能放下问题，在生活的细节中多给自己一些快乐的、幸福的感觉，才能真正地让自己活在当下，活在幸福的感觉中，而不是活在未来，活在问题中。

此外，就算真的发现有的核心矛盾是急需解决的，也常常会发现它就像个杂乱的毛线团，很多是日积月累的小细节组成的，错综复杂、千缠万绕，很难一下子突破。这时更需要我们带着一些耐心，从一些小细节、从一些不重要的旁枝末节入手，慢慢地铺垫，才能逐步深入核心，最终使问题得以解决。就像我们在咨询过程中，有时即使已经发现了来访的核心问题，但解决也需要时机，也需要一定的过程。所以，这时鼓励来访者先过好当下的生活，积聚力量，再慢慢深入问题的核心，寻求解决的机会，就是非常必要的。否则，为了昨天的问题而耽误今天的生活，就是永远活在昨天里。

所以，生活就是这样，就像一个箱子，储藏着你每一天走过的路、经历的事情，如果这里放着的更多的是一些快乐的小事情，这个箱子就越来越成为幸福的百宝箱；如果虽然没有经历什么大灾难，但里面放着的全是一些小痛苦、小难过，又从来不加以整理，时日越久，便越成了一团乌七八糟的污秽。

而这个箱子就是我们真实的生活，是我们的心灵！

所以，生活就是由每一个小细节组成的，幸福就是每一个小快乐凝聚的，为什么我们不让自己在每一个小细节上多一些快乐、多一些幸福呢？人生不易，幸福就是当下的每一个小努力、小开心！

杨莉

休息是为了更好地前行

亲，早上好！问候早起的自己！

今天，自己坚持跑步锻炼的第233天！时间30分钟，3公里！慢慢跑起来！

今天，分享一下：

今天，休息！

工作和生活中，跑得快一点时，若是累了，就跑得慢一点！

跑得慢一点时，就跑得时间长一些！跑得路程再远一点！

累了就停下来，休息一下！

休息好了，继续前行！

今天，休息！

● 燕园心理：马泽中

芊芊心解 调整生活的节奏

跑得快了，就跑慢一点！

跑得慢了，就跑得时间长一些！跑得路程远一点！

跑得累了，就停下，休息！

休息好了，起来继续前行！

这段话，保持觉知，看见自己，接纳、允许和调整自己的状态，多么智慧。

不知从什么时候开始，我处在一个“急”的状态里。

我这也急，那也急，该急的急，不该急的也急。我也不明白：我为什么那么着急？那么着急到底是要去做什么？反正，我的生活被“急”充斥。

我老家有一句骂人的话，叫做“急着去死呀！”

当我看到我的一个朋友急乎乎的忙中出乱，差点被车撞了的时候；当我看着我70岁的老妈明明没有什么可着急的事情，可就是急急前行而被绊倒的时候，当我因为一件事没有着落而度日如年生不如死的时候，我觉知到我的“急”以及因为“急”而对每一个当下带来的坏影响时，我发现，“急”和“死”竟真的有千丝万缕的联系。

急的时候，脾气容易暴躁。暴躁会影响内分泌，还会引发身体某个部位的不舒服，会给身体留下痕迹，这是慢性疾病产生的原因。

急的时候，做事容易出差错。因为，当人着急的时候，心就已经不在事情上，而在情绪里了。而人总是先处理情绪，等情绪平稳了才能处理事情。如果来不及处理情绪，而事情也必须办，那带着情绪去处理事情，很有可能在处理事情的时候出差错。这差错可大可小，大了可能直接导致人身伤害，比如将油门当成刹车，小了则会影响心情。我最近经常发现，当我着急的时候，常常会出点小状况，反而欲速不达。如果经常出小状况，就会导致心情不好；心情不好，既会影响自己对自己的满意度，又会影响内分泌系统，对心理和身体都非常不好。当我带着觉知看到这些，就会告诉自己：慢就是快，让自己慢一些。

急的时候，还会慌里慌张，失去理智，很可能没完全闹明白事情的全貌，就做出行动。慌里慌张，失去理智，然后行动，这表现得好像很有爱，其实，这会人为地把自己陷入一个麻烦、一段纠缠中，甚至一个危险境地中，让自己心力交瘁。电视剧最爱用这招。心力交瘁，心理和身体能好吗？

看到了吗？

“急”总是会让我们去向“不好”：心理不好，身体不好。

长期的心理不好、身体不好，你可不得早早谢世吗。

当我不断地体会到“急”带给我心理和身体上的坏影响时，我开始让自己慢下来。

慢下来让我有机会看清事情的全貌，看清事情中每个人的需求，看清我该行动还是该以静制动，为什么行动，如何行动，又为什么以静制动、静观其变。

如此一来，我反而变得淡定、从容和自信了。淡定、从容、自信让我的心理和身体都处于愉悦状态。

其实，人生不可能只有一个节奏。

快了必然会累，累了必然想休息，休息好了必然想做些什么，这些状态是交替出现的。让它自然而然地流动，保持感知、保持觉知，调整就好！

如此！

程语

我喜欢每一天发生的故事

亲爱的，今天，早安！

每一天都会有"故事"发生，而我们彼此也都存在于每个"故事"的故事当中！

今天，自己坚持锻炼的第282天！锻炼时间40分钟，快走4公里！

当你想去为自己赢得整个世界的时候，其实，你已经输掉了自己！只因，这个世界是世界的世界，而非围着"自己"转的世界！

这个世界从来就没有绝对的公平和平等，这个世界一直都是按照相对的公平和平等在运行！

让自己获取自己想要的东西或目标时，采取的手段和方式，不仅仅只有攻击、指责、否定、伤害的孩子化、本能化的方式——伤害只会带来更多的伤害！还有其他双赢多赢的正向、积极、健康化的方式——给予与帮助，也会给自己带来更多的帮助！

今天，看见自己，也更要看见他人。现实是，我们给到他人什么方式，他人也会回应我们自己对应的方式！

其实人的磁场就是：若你感恩，就顺利；若你承担责任，就成长；若你付出，就有所得；若你有爱心，就有人爱你。

其实，生活就是如此简单，你希望自己好运，就祝福自己以及他人好运。

我喜欢每一天发生的故事，每个故事背后都有更多的故事！

● 燕园心理：马泽中

芊芊心解 内在感受创造了你的生活

一、痛苦是因为总想改变外界!

大多数来到咨询室的人都是因为痛苦，而痛苦的主要原因是因为他们在生活中遭遇了某种挫折，却无法改变。这个无法改变通常包括两种：一种是改变外在的现实，一种是改变内在的感受。对于走进咨询室的人来说，他们大多是两种都无法改变，被卡在了生活的夹缝中。

为什么无法改变呢?

第一，因为人往往下意识地想要改变外界，却不想改变自己，但外界的客观现实又不会因人的意志而转移。那为什么不改变内心的想法呢?

第二，因为在很多人的观念中，认为我们的感受是由外界的现实来决定的。所以，很多人陷入一个思维的死胡同："我当然想改变自己的感受、想法，可是我的感受是因为外界发生的事情而引发的，是很真实的，外界的事情没有改变，我的感受怎么改变？这不是强人所难吗？"

很多夫妻会说："我也想开心一点，不想天天生气啊，可是他要天天和我吵，我能怎么办？如果他能对我体贴一点、关心一点，我的心情不就可以好了吗？但现在要让我心情好不是自欺欺人吗？"

很多学生也会告诉我："老师，我也想让自己放松一些，但外面高考的客观现实是不能改变的呀，如果没有这个高考，我不就不紧张了吗？"

这就陷入了一个思维的死循环：认为必须改变外在现实才能改变内心的感受，这实际上还是在表达："只有外界先改变，我才能改变；外界不改变，想让我改变，那不可能，我做不到！"

于是，生活陷入痛苦之中!

二、外在现实和内心感受之间的关系究竟是什么?

外在现实会引发我们的内在感受，这当然没有错。但是不是决定作用呢?

心理学早就告诉我们，并非如此。在心理学中，没有纯粹客观的现实，只有每个人心中不同的现实。也就是，一个人内在的想法会直接影响他在现实生活中的行为，进而创造他的现实生活！所以，如果一个人没有能力改变外界，那他完全可以通过改变自己的内在世界，间接影响到外界世界的转化。

天哪，观念似乎完全被颠覆了，真的是这样吗？

当然，绝非虚言！

比如，在生活中，为什么有的人人际关系就融洽、开放、自由，感觉处处温暖？有的人就会觉得人情淡薄、世态炎凉呢？

因为，有的人内心对别人充满了不信任和警戒，他们总觉得人没有那么善良，人的本性都是自私的，这时他们把自己的想法当成了一个现实，就会在生活中处处谨慎，深怕自己的事被别人看到，遭到取笑，活得非常累。这又导致他们把自己的内心封锁得更加严密，不愿意在任何人面前展露自己真实的感受和想法，有意识地保持人与人之间的距离，不愿付出真情，这种互动模式就使得他们的人际关系变得非常冷淡，很难有情感上的爱和支撑，这反过来进一步强化了他们对人情淡薄的体验和认识。

而相反的，那些对关系有更多信任感的人，则更容易体会到人际之间的友爱和温暖，这会使得他们在现实中更加愿意建立关系，更容易信任别人，关注到关系给自己带来的帮助和支持，这更会使他们的关系向良性发展。

所以，心理学中没有纯粹的客观现实，一个人的外在现实生活是可以被再创造的，而起主导作用的就是每个人的内在世界对生活的理解。

懂得了这一点，我们就可以更清晰地看到自己，也看到别人。每个人的内心都唱着一出属于自己的戏。那又是什么影响了每个人内在世界的不同呢？

三、早期的客体关系给每个人不同的内心世界奠定了基础。

那为什么不同的人的内在感受会有这么大的差别呢？

客体关系理论早就指出：我们对世界的感受主要是受生命早期和客体互动的感受影响的，而由于一般人最早的客体就是母亲，所以母婴关系往往会成为日后一个人成人后社会关系的基础。

作为一个婴儿，当他来到这个世界，接触到的第一个对象一般情况下就是妈妈（也有可能是其他的抚养者），这个人对我们非常重要。因为婴儿十分脆弱，什么都干不了，所以抚养者就决定着这个婴儿的生死存亡。当婴儿的需求能够比较好地得到满足时，婴儿就会产生一种美好的感觉，这种感觉就会被延续下来，形成他以后扩大交往范围时和别人相处时的感觉基础；如果婴儿的需求经常得不到满足，就会产生一种比较坏的、痛苦的感觉，觉得养育者非常坏，或者觉得自己非常坏，这种坏的感觉如果没有机会被修正，也会被延续下来，形成他对这个世界的认识和感觉，进而影响到他今后和世界的互动。所以，妈妈成为婴儿认识世界的第一扇窗户，而早期的母婴关系的互动感受就会成为今后这个人人际关系的基础，形成了每个人不同的内在世界。

四、当然，人的感觉是可以不断发展的。

这可能会让人有些害怕，那是不是早期母婴关系没建立好，这个人一辈子就完了呢？豆瓣上也曾经有过很多对父母的声讨，并且形成了一个“父母皆祸害”的小组，来声讨父母曾经对自己造成的伤害。

事实上并非如此。通行的认识是：

1. 早期的关系确实很重要，这是不容置疑的，所以父母确实应该关注孩子的抚养，尤其是在三岁之前。

2. 婴儿并不是完全被动的，他也是一个主体，关系不是完全由父母决定的，而是由彼此的互动决定的。

3. 人的一生是可以终身发展的，只要不断有新经验加入，就会不断对一些旧经验形成冲击，使人产生新的感受，走向新的生活。

前段时间在网上非常热搜的贵州被收养的小女孩Selah，就因为被养父母像小公主一样的宠爱，现在就变得越来越开朗、越来越自信；而很多孩子也许因为以后遇到了一个能关心理解自己的老师，就又重燃了对生活的渴望；也有很多人因为心理咨询师的帮助而重新走向了新的生活。

所以，人的一生是可以不断发展的，也是具有丰富的可能性的，每一个经历都值得我们好好珍藏，将它转化为生命的财富，命运掌握在自己手中！

◎ 杨莉

真实的生活是多元的

亲，早上好！问候周末的自己！

今天，自己坚持跑步锻炼的第234天！时间60分钟，跑步+锻炼！

今天，睡到自然醒，起床，一起感受清晨户外运动！一起感受冬天大自然的真实！

今天，分享一下：

若自己一直在城市生活当中体验，那么就需要去体验一下户外大自然中的生活！

一起用心，也需要努力地把自己的生活以及人生过得从容些，过得自然些，过得优质些！

今天，周末愉快！一起来户外运动一下吧！

拥有一个自然醒的周末也挺好！

● 燕园心理：马泽中

芊芊心解　真实的生活是多元的

真实的生活是多元的。

既有开心，又有难过；既有喜悦，又有悲伤；既有高兴，又有痛苦；既有欣喜，又有愤怒；既有快乐，又有生气；既有欢笑，又有泪水；既有艰辛，又有幸福；既有苦涩，又有甜蜜……既有顺利，又有挫折；既有简单，又有复杂；既有容易，又有困难……既有多情，又有无情；既有外向，又有内秀；既有阳刚，又有阴柔……

真实的生活也总是有两面，这两面还总是成对出现，你不可能只要其中的一面。

人生的痛苦就在于，我们只想要好的那一面，总想把坏的那一面去掉。

否认了难过，开心就没了参照。

否认了悲伤，喜悦从何而来。

否认了痛苦，高兴就显得很苍白。

否认了泪水，欢笑就显得有些无厘头。

否认了苦涩，甜蜜因何而甜。

……

人生如戏，戏中的这两面都如影随形地体现在主人公，也就是每个人的身上。

追求顺利，意味着想避开挫折，要避开挫折，挫折得先在那里，你才能知道如

何避开。

追求简单，意味着无法应对复杂、无法理解复杂，反而无法去到简单。真正的去到简单，是因为理解了复杂，能够应对复杂。

多情的人，也有无情的一面。无情的人，内心藏着没有表达出的多情。

内向的人，只是没有遇到对的人和对的话题。

阴柔的人，关键时刻也可以很刚强。

在城市里努力打拼的你是真实的，去大自然怀抱中嬉戏玩耍的你也是真实的。

哭着的你是真实的，笑着的你也是真实的。

悲伤的你是真实的，高兴的你也是真实的。

遇到挫折的你是真实的，顺利解决问题的你也是真实的。

想过简单生活的你是真实的，能把复杂生活过成简单生活的你也是真实的。

看似无情，其实铁血柔情。

看似温柔多情，却也有难掩的无情。

你看，生活总是这样，一端是我们想要的，另一端是我们不想要又不得不要的，而我们每个人，要在这两个端点之间移动，找到那个最佳位置，使得生活的这个天平保持一个动态的平衡。

如此，你才能把自己的生活和人生，过得从容些、自然些、优质些！

程语

生活依然安在

亲爱的，早上好！问候早安！

起床了！今天，真好！开启更好的一天！

无论昨天经历了什么，今天的工作和生活都依然在继续，你依然拥有今天的生活！看见今天早上的太阳，听见早晨鸟鸣的叫声，闻得见花开的芳香……

拥有这些，自己就拥有了全世界！那就好好地投入今天的工作和生活吧！这个世界依然爱你！我们一起学会在这个世界中更好地与这个世界相处！

今天，出发啦！用心投入自己的工作和生活！

● 燕园心理：马泽中

芊芊心解　沮丧时，多向外连接

很多人心情不好时，更喜欢把自己封闭起来。

有的人会一个人喝闷酒；有的人会一个人在家里暴饮暴食；有的人会一个人伤心地待着，越想越难过；有的人会闷头睡大觉；有的人会不梳不洗、不吃不喝、不出门、不与外界联系，甚至慢慢走向了抑郁……

大多数人在特别痛苦的时候，会选择获取朋友亲人的支持，帮助自己走出困境。为什么反而有人越在这种时刻，越把自己封闭起来呢？

一、不能接受自己的脆弱。

其实无论是谁，作为一个人，我们都有脆弱的一面。

在生活中，我们遇到一些不开心的事情时，都渴望能够得到理解和支持。但是也有很多人，在他们的内心中，是不允许自己脆弱的，觉得脆弱是不可接受的，如果让别人看到自己的脆弱，更是非常羞耻的事情。

在生活中，这些人往往都表现得非常强大、非常优秀、非常开心、非常完美，往往是别人羡慕的对象。但其实仔细去看，他们的生活却往往少了些什么，显得不是那么真实。其实，他们少的就是我们作为一个普通人都会有的普通平凡，甚至是丑陋的一面。

如果把世界分为阴阳两极的话，就会发现，他们的生活展示给人的往往是阳的一面，而阴的一面却似乎被遮蔽了。

阴的一面究竟去哪里了呢？

有可能，他的内心也根本不允许这一部分存在，于是，直接把他认为不好的一面分裂出去，投射在了别人的身上。这样的人往往从内心深处对自己的认识就是分裂而片面的，似乎他只允许自己有好的一面。比如，他可能会和大家说他是一个"开心果"，从来就不知道悲伤是什么；可能，在他的内心里，他就是非常强大的、没有他办不到的事；他可能觉得自己非常独立，根本不需要别人的安慰……

真的不需要吗？

当然不是，而是这一部分因为被自己认为是不好的，所以被自己的内心直接压抑了，或者直接隔离掉，让自己感觉不到了，但这一切都仍然会存在。

当然还有可能是，他仍然能感受到自己脆弱的一面，但由于长期以来被告知这是一些不好的东西，所以觉得非常羞耻，不能被别人看到，所以选择把它藏匿起来。比如，一个男孩子从小就一直被告诉男子汉是绝对不能哭的，或是一个人从小就被告诉千万不要把自己的脆弱展示给别人，因为他们只会看你的笑话等。

无论是哪种情况，这些人共同的特点就是将脆弱看作非常不好的一面，选择把它隐藏起来，视而不见，但这终究会导致情绪的累积，给自己的内心带来困扰。

二、对外界充满了不信任。

还有的人，他们之所以选择一个人背后疗伤，其实是对外界世界不信任。由于种种原因，他们可能会觉得，这个世界上是没有人可以理解自己的、是迫害性的、孤独的、是让他失望的等等。那此时，他会把这个世界和自己的关系看作是一个负面的、迫害性的关系，这就更会加剧他内心的痛苦和危险，所以还不如一个人躲起来，用尽量减少和外界联系的方式来保护自己。但其实内心又是渴望这些温暖的，所以当切断和外界的这种联系时，同时也意味着丧失了从外在世界汲取营养的通道，这时只依赖于自己给予自己的这种能量，显然是僵化的、不流动的爱，终究会枯竭。

所以，在心情不好、难过的时候，首先要能够看到自己的情绪，愿意接受自己的情绪，给予自己内心更多的呵护和关心。其次更要多走向外界，和世界建立善意的连接，寻求可以滋养自己生命的外部营养，从内、外双方面滋养自己的内心。

这种建立连接的方式是多样化的。

我们可以去找自己信得过的亲人、朋友，和人建立连接。

也可以去努力工作，和工作建立连接。

也可以走入大自然中，和大自然中的鲜花、小鸟、湖水、绿草建立连接，往往大自然中的生命会给人的内心带来巨大的抚慰和启迪。

也可以走入书中，和书中的各种灵魂建立连接，进行心灵的对话。

也可以养一个可人的小宠物，丰富自己的生活。

也可以和自己的各种兴趣爱好建立连接，让自己体验到快乐。

总之，这时无论是和人、还是和自然界的生命、还是和物，只要我们能走出自己内心的牢笼，努力的和这个世界建立联系，就会给自己的内心多一份滋养，多一份丰富。

所以，心情不好时，不如多出去走走，和世界建立更加密切的联系。其实世界就是这样，我们和它隔离，它也会抛弃我们；我们和它亲密，它也会回报我们热情，关键取决于我们内心对自己、对世界的看法。

杨莉

与人相处的原则

亲，早上好！问候你好，早起的你！
今天，星期日，天气有变化，改为室内运动锻炼！
今天，自己坚持锻炼的第200天，时间50分钟，健身器有氧运动！
健身的感受：
看见自己坚持的意义，相信自己每一点的积极变化！

今天，与你一起分享：
工作与生活中，与人彼此相处的原则。
行于世，
当识人，然识人不必探尽，探尽则多怨；
当知人，然知人不必言尽，言尽则无友；
当责人，然责人不必苛尽，苛尽则众远；
当敬人，然敬人不必卑尽，卑尽则少骨；
当让人，然让人不必退尽，退尽则路寡。
做人，
有眼界，能看远；有肚量，能容忍；
有锋芒，能内敛；有涵养，能自持；
方能游刃有余！

● 燕园心理：马泽中

芊芊心解　做人与修行

最近，我在听傅佩荣的《向老子问道》《向庄子问道》《向孟子问道》《向孔子问道》，越听越觉得，我从来就没有真正做过人，我只是按照本能在做事。

做人，就是修养身心，就是修行。

我为自己的修行汗颜。

正当我为自己的修行汗颜之时，傅佩荣的一段话让我立刻释然。

傅佩荣的这段话是为了解释孔子“朝闻道，夕死可矣”这句话的真正含义的。

对于孔子的“朝闻道，夕死可矣”，朱熹的学生曾经发问：“老师，孔子难道不是希望我们听懂了道，然后好好实践几年么？为什么说早上听懂了，晚上就死也无妨呢？”

朱熹回答说：“孔子当然希望你实践了之后再死！”

傅佩荣认为这个回答不通，因为孔子明明说的是：早上听懂了道晚上死了也无妨！实践不实践都没关系！

为此，他给出了两个论据。

第一个论据是，耶稣被钉在十字架上的时候，左右各一个强盗，左边的强盗讥讽他，右边的强盗祷告悔改，耶稣跟右边的强盗说：“今天晚上你就升天堂。”

你看，这个强盗杀人放火一辈子，悔改之后也没有做一件好事，他只是悔改，耶稣就跟他说“你可以升天堂”。

第二个论据是佛教的“放下屠刀立地成佛”。这个更干脆直接。

这两个论据说的都是悟道的重要性，跟实践不实践没什么关系，因为悟道是一个质的变化。

自从开始探索自我、了解自己，我发现，我对自己有很多误解。

我以为我是在帮别人，其实别人根本不需要。

我以为我是为别人好，其实别人感到很不舒服。

我以为我是善解人意的，其实我只是在讨好。

我以为我是……，其实……

每每发现一个真相，我要么自责“我怎么这么差劲”，要么觉得时不我待，“都这么大年龄了才知道这点，来不及了呀！”

哎，我就是如此急切地想成为一个完美的人，不仅知道如何做是好的，而且还要好好地践行过才行！

而傅佩荣的解读，让我明白：原来，只要开悟了，人生就值得。

而我，在为自己的修行汗颜的那一刻，在我自责的那一刻，在我急急地想要践行的那一刻，我的人生就开始发生质变，我就已经走在自我修行的这条路上了，我就算悟道了。

幸运的是，我还有时间可以去践行。

○ 程语

其实，是你亏欠了你自己

亲爱的，周末愉快！

找时间给自己，也要运动起来哟！

今天，无论自己欠他人，还是自己欠自己，其实，总是需要还的！

自己欠他人的，还是好还的！自己欠自己的，或许就很难还了！

或许，我们最需要把自己欠自己的先还了！活着，不欠他人，那就更不要亏欠自己！或许，不是他人或这个世界亏欠自己太多，而是自己亏欠自己太多了！那就好好地、用心地把自己亏欠自己的，先慢慢还上吧！

相信，这个过程就是活得更好的过程！

今天，通过学习来学会还自己的亏欠吧！

今天，再次找时间，跑起来！继续坚持锻炼的第345天！坚持锻炼时间40分钟，慢跑4公里！

● 燕园心理：马泽中

芊芊心解　对自己好一点，有那么难吗

对自己好一点，很难吗？

有的人会立马跳起来反对，带着一种惊讶的、不可置信的表情："What？你在说什么？对自己好一点，很难？有没有搞错？如果对自己好一点都很难，那你活着是要对谁好？我随时都可以做出一堆对自己好的事情。买自己喜欢穿的衣服，去自己喜欢的地方旅游，吃自己喜欢吃的美食，和自己喜欢的人享受生活……这有什么难的？"

但你信不信，这个世上，真的有很多人，对自己好一点很难！

他们并非意识上不知道要对自己好一点，但行动上却暴露出他们要对自己好很难。

最近热映的电视剧《都挺好》中的老大苏明哲就是这样一个人。作为一个曾经留学斯坦福的高才生，他完全清楚生命是属于自己的，要对自己好一点，他也不是一个对老婆孩子不负责任的男人。但在当他自己的利益和父亲的利益发生冲突的时候，他毫不犹豫地选择了成全父亲的利益，而不管这个事情对自己来说有多么的为难。当父亲要购买的房子让他难以承受时，他的选择却是宁愿借高利贷都要去满足父亲的不合理要求。他可以为此不断地发愁，可以为此低声下气地向别人借钱，可以为此不惜和老婆争吵。

这时的他，哪里还是那个受过精英教育的高才生？哪里还有半点为自己考虑的样子，甚至不惜把老婆孩子的前程搭进去。

有的人会说，他是对老婆孩子不负责任，但在我看来，他并非对老婆孩子不负责任。如果没有这个事情发生，他也会把老婆孩子放在首位，为了她们去奋斗。但这时，他却把老婆孩子看成了自己的一体，认为她们应该无条件地支持自己，和自己心意相通，共同来满足父亲的心愿。在他看来，老婆孩子也很重要，但是是内人，而父亲是外人，自己对外人必须要比对内人好。潜意识就是对别人必须比对自己好，这时自己吃点亏是没有什么的。

为什么？

为什么这样的人会这么傻呢？为什么必须对别人比对自己好呢？你是圣母吗？

难道他真的这样傻？被感情冲昏了头脑，不知道自己要付出的代价吗？

当然不是。

只是从一开始，他的生命就已经被一些东西绑架了，这些东西比他的感受、比他的利益、甚至比他的命都要重要。如果没有这些东西，他生命的意义似乎都在摇晃，面临崩塌。

这究竟是什么？

对于苏明哲来说，这就是面子，但不仅仅是面子，更是角色，是这个角色被赋予的责任和功能。

在剧中，我们多次看到苏明哲在不断地充大方。

父亲说在明成家住不惯，他就马上答应父亲去美国；父亲要买房子，他立马答应，在弟媳妇朱丽提出要承担一部分费用时，一口拒绝，说由自己全部承担；父亲说不要老家具了，看见就害怕，虽然自己已经捉襟见肘，还是答应全部更换新的。

为什么？难道仅仅是面子吗？如果他是老三，没有被长兄如父的身份所束缚？如果他没有从小被冠之以苏家希望的身份，他还会是这样的一力承担，打肿脸充胖子吗？

我想，答案很有可能是“no”！

正是因为苏家在抚养孩子的过程中，实行了功能性的养育，每个孩子都给他们分配了不同的角色和功能，所以每个孩子才会有不同的表现。

对于老大苏明哲来说，他就是苏家的顶梁柱，就是用来给苏家光耀门楣，给父母争面子的。这个功能才是苏明哲此生最大的使命，而不是让自己活出自己的样子，让自己活好。当苏明哲也在潜移默化中内化了父母的这个分工时，他在清华毕业两年后，仍然理所当然的在家里吃着闲饭，一心为出国做准备，因为这才是爸妈分配给他的最重要的任务，他要不惜一切代价完成这个使命。为了完成这个使命，父母节衣缩食，妹妹的房子也被卖了，这都是一些小牺牲，都是可以忍受的。这是明哲妈妈的做法，但又何尝不是苏明哲自己也认可的。

只可惜没有人能白白地受别人的恩惠，一旦付出中加入了功利二字，就必须用等价原则来偿还。在苏家，父母和孩子之间不是一种单纯的爱，更是一种有价的互相交换。既然苏家为苏明哲做出过那么大的牺牲，他就必须得承担起自己的使命，来还债。所以，当父亲和他诉苦时，他怎么能不内疚？当父亲提出各种各样的要求

时，他又怎么能不满足？即便牺牲了自己，也必须做到不能给苏家丢脸，撑起苏家的门面，也必须偿还父母的恩情，这就是苏家给予苏明哲的使命。

就这样，生活不重要了，自己不重要了，只有角色才重要，使命才重要。这就是每个被功能性养育抚养出来的孩子共有的特征。甚至可以说，也许从很久之前，这样的孩子就没有自己了，他们有的只是自己的角色和功能。小时候为了满足父母的需求而活，长大了为了满足别人的需求而活。至于自己、自我，那又是个什么东西呢？怎么听起来是这样的陌生而恍惚。

这样的人，又怎么能那么容易的就去爱自己呢？

即便是苏明成，貌似得到了很多的爱，就会去爱自己吗？

不！他也只不过是牺牲者，只不过他被冠以的功能是“妈妈的开心果”。所以，结婚前，他因为嘴甜而最受妈妈的宠爱，好东西都可以分给他。结婚后，他也是老婆的开心果，哄老婆天天开心。看起来他剥削了父母很多，但有一刻他终于对朱丽喊出来：“你看不起我，你觉得我剥削了父母很多钱，但那些钱都去哪了？不是都用来给你买名牌衣服、买名牌包，用来哄你开心了吗？”即便他后来投资失败，很大程度上也是想要一下子变得有钱，有钱了就能够让老婆开心，让老婆瞧得起他，让老婆不要抛弃他。

至于明玉，更是如此。也许在妈妈的心目中，她是最没有功能、最没有用，还吃白饭的那个吧。所以，最早被舍弃的就是她。

所以，这个世界上，有很多的人不能那么理直气壮、自然而然地爱自己。

他们有的被内疚缠绕，觉得爱自己就是自私；

有的被要求牵绊，认为必须先承担责任，再要求权利，先满足别人，再关照自己，先完成使命，再考虑喜好；

有的长期以来，根本不知道自己的需求是什么，但却对别人对自己的期望了如指掌；

有的一辈子都在追求别人的爱，为了得到一点别人的爱而绞尽脑汁，却没想到自己也可以爱自己，也许自己爱自己还要更容易；

有的人则是不允许自己过得好，因为只有和亲人一起受苦，我们才是最亲的在一起。

……

也许你会觉得不可思议，是呀，对于一个可以去自由地爱自己、拥抱自己、享受快乐的人来说，这些观念都是多么的奇怪！

可它就是这么真实的存在于我们的生活中，风平浪静的生活背后却可能就藏着一个个百转千回的故事。

有可能是你，有可能是我，有可能是他。

不管是谁，也许这一刻，我们都知道了这个故事的真相原来是这样，那还要让它继续上演吗？

爱自己，对自己好一点真的就那么难吗？

你还会不顾身体，不断加班、顿顿吃泡面，就为了多省点钱，好给弟弟邮回去结婚用吗？

你还会在给自己买一件自己心仪已久的衣服时，而心怀内疚吗？

你还会那么拼命，病了都不请假，就是为了让领导夸你一句“这是个好同志”吗？

你还会不断地哭泣，不停地打电话、发微信，就是为了让男朋友叫你一句“宝贝”吗?

如果这样继续活下去，有一天，当你白发苍苍、生命将逝时，会不会后悔:“这一世，我从来没有为自己好好地活一次? ”

不管曾经如何，从现在开始，好好地为自己而活吧。

让自己开心、让自己快乐，让自己去体验这个世界的奇妙。

这是你的生活，是你的生命，它先属于你，才属于别人。

你可以是女儿儿子，可以是父亲母亲，也可以是领导下属，但你首先是你自己，是一个只拥有一次生命的你自己，活好自己、活出自己才是你来到这个世界最大的使命。

我们因为活出了自己，才会允许别人生命的不同；因为自己活的精彩，才会去喝彩别人生命的美丽；因为自己拥有了快乐，才会去分享别人的幸福。活好自己，才是世界幸福的源泉。

从这一刻开始，好好地为自己而活，好好地点燃自己生命的火花，活出属于自己的光彩!

杨莉

暂停，复盘，更好地前行

亲，早上好！问候早安！

今天，自己坚持跑步锻炼的第240天！时间50分钟，跑步5公里+健身！

今天休息，换个方式锻炼！

今天，分享一下：

我回顾2017年的那些词：变革、经历、成长、修行。

自己在坚持追寻梦想的过程中，也需要学会更好地停留，此刻的停下，是为下一刻更好地前行！此时的驻足，是为下一时更好的远足！

2017年的年底了，停下来，休息一下，静一下，好好地觉察和回顾自己2017年的经历，你会想到哪些词、哪些事、哪些人？

一起梳理一下自己的2017年，一起来写一下属于2017年自己的词吧！

● 燕园心理：马泽中

芊芊心解　复盘你的情绪

最近几年，我每天的最后一项任务就是回顾自己的一天：我做了哪些事情，效果如何，我有哪些情绪波动……有时，我只要这样简单复盘一下；有时，我要花一个小时好好复盘其中的一件事情、一个场景。

通常，我复盘的事情和场景都跟情绪有关。

一般来说，让我们产生情绪的事情都是值得复盘的事情，而能够识别出自己的情绪，则跟自我觉察能力有关。

所以，如果这一天我感受到情绪，我就会通过这个情绪找到对应的事情，通过复盘这件事情的经过，去查看情绪的来源、去向，从而化解情绪，使得事情去向更好。

通常，我是通过书写来复盘的。

我先描述我的情绪，比如，我会以这样的方式开始："今天，我在什么什么的时候（一个场景）产生了一个什么样的情绪，后来觉得……（身体感受，比如头顶一直发木等）。事情是这样的……"

然后我就开始描述这件事情。

在复盘情绪时，对事情的发展过程、来龙去脉的描述非常重要。

因为，情绪被潜意识驱动，经由身体去表达，这个过程很快、很迅速，一瞬间我们就被情绪裹挟，或压抑而难受，或愤怒而爆发，或尴尬而掩饰……你根本就来不及思考原因，其实也思考不出来（思考调动的是意识），情绪就排山倒海地压了过来。当你试图用文字准确复述整个事情的发生经过以及自己的感受时，你就在启动意识，试图让意识识别、理解潜意识发出的信号。写着写着，你的内心就会冒出一个与以往不同的声音，它给了你一句话，而这句话就是潜意识给意识的答案。这时，你恍然大悟。你恍然大悟的那一刻，其实就是意识和潜意识链接上了，意识终于接收到潜意识发出的信号，并且破解了它。

意识远远慢于潜意识，这是复盘情绪的原因。

所以，在描述的过程中，我一般会留意以下问题：

“我是从哪一刻开始有情绪的？”

“这情绪针对的是谁的什么行为？”

“他的这个行为为什么让我觉得不舒服？”

“我觉得他应该怎么做？”

“为什么我觉得他该这么做？”

“我们是什么关系？”

“他有没有这样做的权力？”

“别人对他这样的行为有什么反应？”

“我们的初心是什么？”

“我这情绪的源头来自哪里？”

等这些都描述清楚了，我也明白问题点出在了哪里，下次再遇到类似的场景，我就更能知道如何应对了。

我就这样，通过每天复盘自己的情绪，复盘了工作、生活和关系，使得一切都变得越来越好！

燕园心理马泽中博士的团体心理动力成长小组，每年年终都会有一次“复盘过去，展望未来”的主题，就是，按下暂停键，回顾过去一年自己的经历，用关键词把它们串起来，梳理、发现其中的价值点和闪光点，自我肯定，自我嘉许，在此基础上，描摹出未来一年自己的目标和模样，去践行去实现。

第一次在小组里经历这个主题，我的头脑里在说：“有啥可说的”“实在没啥可说的呀”“没干啥呀”“不知道干了啥了”“干的那些事不值一提呀”。真的，对于自己刚刚经历过的一年，我的脑子里一片空白。

可是，马老师有办法呀！在他的引导下，我们放松、沉入，回到过去的一年里：十二月你经历了哪些事情，什么感受；十一月你经历了哪些事情，什么感受……一月你经历了哪些事情，什么感受。然后，唤醒，回到现实，回到此刻的团体活动室，去复盘、去总结、去梳理刚刚过去的一年！

此刻，用活色生香来总结那次复盘梳理后自己的感受，有些对比太强烈，但是，用惊讶、惊喜、惊艳、打破这四个词来总结，还是非常贴切的。

那时，我惊讶地发现，原来那一年我那么勇敢，不仅做了那么多具体的事情，而且在心理上支持了那么多人，只是我太累了，累到只能看到累、只能看到辛苦、只能看到迷茫、只能看到无助……

在马老师和伙伴们的助推下，我又看见那一年经历背后值得赞赏、值得嘉许的自己：坚强的、担当的、负责的、不懈的、努力寻找方向的（写到此处有感动的泪流下）……让我既惊又喜。

然后我看到一个缓缓站起来的自己，她内心充满力量，目光坚定，虽然她还不清楚方向和目标在哪里，但是她坚信，每周一次，和这个小组在一起，她终究会找到自己的方向，不着急，慢慢来！我被那个坚定的自己惊艳到。

那些自己的背后站着一个勇敢的自己：她敢于打破原来的自己，重塑出今天的自己，她一直都在这样做。此刻，当我写下这段文字时，我才发现“打破”的含义，于我，原来是这样的，当然，这里又有被看见的眼泪。

你看，我在2019年的此刻，用复盘“发生在2013年1月小组复盘主题的感受”来演示了一次复盘。

此后，每到小组年终复盘时，我都惊奇地发现：新的目标就像画轴一样，在我面前缓缓打开、自然呈现，给我指引，让我看清我下一步要走向哪里。当我践行了这一步，画轴继续缓缓打开，给我指引。

就这样，我根本不用苦思冥想我的目标是什么，而是做着做着，新的目标就自动跳出来，让我看见、给我指引，而这新的目标，总会比我预期的要更快达成，然后新的目标又出现了。

是不是很喜悦！

我想，这其实源于我每天对自己情绪的复盘。

复盘情绪，其实就是复盘自己的人生。

一件事情进展不顺利，一个项目遇到瓶颈，一段关系难以维系，看似和自己没有关系，看似和情绪没有关系，其实，它们之间有着千丝万缕的联系。因为人们很难觉察和关注到自己的情绪，情绪就用这样的方式提醒人们，如果你借此关注了情绪，那么事情的进展就会变得顺利、项目的瓶颈就会被突破、关系就能得到修复。

不信，你试试！

从今天开始，盘点你的每一天、每一周、每一月、每一季、每半年、每一年，让你不枉此生。

◎ 程语

觉察内心的缺失和需求

早起的自己：早上好！

今天，自己坚持锻炼的第270天！时间35分钟！跑步3.8公里！

今天，看见自己：

每天都有事情发生，都有人际交往，都有关系的彼此互动，这就是我们今天存在的意义和价值！

从每一天的关键事、关键人、关键点，来看见和觉察自己内心的缺失和需求！

只因，自己内心缺什么就会向外寻求什么。

一起来觉察自己内心的缺失和需求！

从当下的自我认知开始，从当下做事、做人的过程中，一起来整合和弥补一下吧！

其实，是可以做到的！

● 燕园心理：马泽中

芊芊心解　生活是一面镜子，照出每个人不同的样子

如果请大家做一个自由联想，用一个意象来表达你对“生活”二字的感受和理解，你会想到什么呢?

记得一次做这个活动时，大家的联想让我深受触动，触动于生活的复杂，触动于生命感受的丰富。

有的人会觉得生活像一片广阔无垠的大草原，他正快马奔驰在这片草原上，自由、刺激、充满激情和希望。

有的人觉得生活像一条跑道，他需要目标坚定、坚持到底、不能退缩。

有的人觉得他的生活就像掉入了一个百慕大的漩涡里，周围都是迷雾，看也看不清楚，什么人都没有，弥漫着原始的气息，让他充满了恐惧。

有的人觉得他期待的生活就像是陶渊明笔下的世外桃源，四面全是桃花，他安闲地躺在一叶扁舟上，沐浴着阳光，静静地等待鱼儿上钩，周围一片鸟语花香。

……

看似平凡相似的生活，每个人对它的理解竟是如此的不同。而这种不同就淋漓尽致地反映了我们每个人生活经历的不同、我们对于生活的追求、内心渴望的不同。

生活就像一面镜子，让我们看到了每个人的内心。我们每天生活中所做的事情、形成的各种关系、我们处理事情的方式都可以折射出每个人内心的不同，如果能够耐心地去觉察这些关键事、关键人、关键点背后的一些规律，就可以更好的发现自己、了解别人、理解生活。

在心理学上有一个非常重要的概念就叫移情。它指的就是人在早年生活的时候，就会形成一种比较固定的内在感受、心理结构、生活模式，这种感受和模式就会被他移至今后的生活中，广泛运用于他生活中的各个场景以及他和别人的关系互动中。这种模式不仅是他当下所采用的，也深深印刻着过去生活的烙印，包含着他过去对生活的感受和理解，同时也可以由此推测未来生活的走向。因此，我们通过一个人稳定的一些模式，就可以对这个人有一个基本的了解。

例如，一个人他很困惑自己究竟是什么样子，到底是内向还是外向，他不明白

大家到底对他是什么印象，到底喜不喜欢他。

在他的表达中，他提到自己都很迷惑。有时候很外向，比如自己在出席一些聚会时，如果没人说话，他就会像一个开心果一样，不停地说笑话逗大家开心，表现得很幽默、也很会说话、性格也很开朗，人家也都很喜欢他。可是当大家都有说有笑、场面很热烈后，他反倒是没有那么能说的，就会静静的不吭声，听大家说，甚至有时候会很不合群，躲在角落里，看着大家开心。但这时，也很少有人会主动来问问他，就好像他不存在一样，对此他也会很失落。时间长了，大家好像觉得他有点怪，情绪好像不太稳定，就会保持一些距离，这让他感觉很受伤。

通过在咨询室中对于这些不断重复出现的关键事件、关键场景进行觉察，他最终发现：自己往往充当开心果的时候就是在一个群体里没有人说话的时候，这时他就会觉得这种气氛特别尴尬、特别紧张，急切地想要从这种气氛中逃离出去。而逃离的方式就是用自己的各种幽默搞怪的方式来改变这种气氛，这时的他在别人看来是开朗、热情、幽默的，但其实在他的内心，他并不是真正的开心，而是紧张、害怕。所以当气氛热烈之后，他就会有一种如释重负、筋疲力尽的感觉，觉得自己的任务终于完成了，终于可以安静一下了，反而会躲到一个角落里静静待着。由于只要在人际间就会面临各种各样的复杂状况，所以很多时候，其实他更喜欢一个人待着，这又会给人一种他有时很冷漠的感觉。这种不一致的感觉会让大家有时候不知道该怎样和他相处，又加深了他对自己的质疑和对人际关系的紧张感。

当他意识到自己的这个模式后，他想起了自己的紧张感从何而来。因为当时父母的关系比较紧张，一吵架就会冷战，所以当家里一出现冷战时，他就会莫名的紧张恐惧，害怕父母会因此离婚，这时他就会扮演一个开心果来调节父母间的冲突。后来，这种模式就会延续下来，导致他对这种彼此沉默的局面会非常的敏感，一旦出现这种气氛，就会非常紧张，使出浑身解数来改变这种气氛。

当认识到这一点后，他开始意识到这个感觉来自自己过去的生活，是自己把过去的感受带入到了当下的生活中了，朋友们在一起，刚开始的沉默并不是一种敌对，而是一个自然而然的暖化的过程。在此之后，再碰到这样的聚会，他就会有意识地去觉察自己的感受，有意识地做出一些调整。在紧张时，安慰自己不用紧张，一切都会好的；在想说话的时候就说，不想说的时候也不刻意强迫自己。这样他在这种聚会中慢慢放松下来，可以和大家一起用心去感受、去享受这个过程，他的人际关系越来越稳定，这个困难也就迎刃而解了。

所以，每个人都会有相对稳定的对生活的认知和应对生活的模式，它虽然藏在心里让我们难以辨认，但却又会借助于生活这个大屏幕、通过一件件具体的事情展示出来，如果我们能够学习一点心理学，就可能能够拨开层层的迷雾，在具体的事情背后找到后面的规律，就是我们每个人对生活的认知和感受。

生活是多变的，我们处理事情的方式却是比较稳定的。

生活是看似错综复杂的，我们对生活的认知却是有规律可循的。

这就需要我们做个有心人，在生活中不断觉察，发现自己、了解他人，生活就会变得越来越明晰、越来越简单！

生活就像一面镜子，照出了我们每个人不同的样子！

◎ 杨莉

喜欢的地方，喜欢的人，喜欢的事

亲们，深圳，早安！
今天，我来深圳了，跑步开启深圳的美好一天！
感觉真好！空气清新舒适！
今天，自己坚持锻炼的第219天！时间50分钟，6公里运动！

今天，分享一下：
今天，让自己再次回味，在喜欢的地方，和喜欢的人，一起做喜欢的事情！
深圳中心，十年啦！感谢你给了我这么多真实的成长经历！
深圳中心，我来啦！一切都会过去，一切也都会越来越好！
相信自己，继续努力跑起来吧！

● 燕园心理：马泽中

芊芊心解　在喜欢的地方，和喜欢的人，一起做喜欢的事情

“在喜欢的地方，和喜欢的人，一起做喜欢的事情！”

我第一次听到这句话是在燕园心理马泽中博士的团体心理动力成长小组中。

初听这句话，我就被击中内心。

想象一下，这句话的场景，多么美！多么令人向往！

“在喜欢的地方，和喜欢的人，一起做喜欢的事情！”

这句话里有三个喜欢，有三个对象。

我喜欢的地方是哪里？

我喜欢的人是谁？

我喜欢的事情是什么？

也许每一个单独的喜欢，你都可以如数家珍般地说得出，但是把它们同时聚在同一个场景下，你能说出多少呢?

喜欢的地方、喜欢的人，这个比较容易满足，而做共同喜欢的事情可就不太容易满足了。

作为一个心理学爱好者，几年前我一头扎进了心理行业。

每周末，我固定参加马老师的团体心理成长小组，认识了许多跟我一样的心理爱好者，我们一起在小组里分享彼此的生命故事，彼此鼓励彼此支持。

然后，我们成立了“合和心理成长俱乐部”，在燕园心理这个平台上，把愿意成长自己的人通过自己组织活动（郊游、讲座、读书、影评等方式）、自己寻找心理话题来讨论的形式践行“在喜欢的地方，和喜欢的人，一起做喜欢的事情！”

随着我对心理学越来越多地了解，以及自我体验越来越深入，我终于在心理行业找到了我自己的人生定位：通过心理沙龙、心理工作坊、心理写作来分享爱、传播爱。这是我最喜欢做的事情。

我忽然发现，我遇到了很多和我一样志同道合的朋友，我变成了我们，我的喜欢变成了我们的喜欢，我们一起在燕园心理咨询平台以及其他心理平台，共同去做我们喜欢的事情。

这大约就是“在喜欢的地方，和喜欢的人，一起做喜欢的事情”吧！

这种感觉真好！

程语

生活禅，禅生活

北京，早安！

亲爱的，问候早安的你，也问候早安的自己！

昨天，早睡了吗？今天早起了吗？

今天，我早起了！问候一下自己！

昨天，有一个来访者认真地问我："什么是生活？什么是人生？"

你会怎么看待这些深刻的话题？

或许，我们每一个自己最好的回答就是：一场自己对生活和人生的经历和感悟！

今天，学会爱自己一点点，从善待自己的一点点事情做起吧！

生活禅，幸福活：

早睡一些！早起一些！

吃好一些，做好一些！

感恩一些，知足一些！

开心一些，积极一些！

活在当下，活好当下！

或许，人生的生活禅就是把这些简单平常的事情坚持做好，这就是生活禅和禅生活！

今天，我们一起跑出一个4公里！送给自己一个春天的小礼物！让脚步跟上灵魂的步伐！

● 燕园心理：马泽中

芊芊心解　快乐是一种生活艺术

所有人都渴望快乐，但每个人对快乐的理解却不尽相同！

有的人把快乐解释为一种被动的对生活的反应，认为一个人能否快乐是由外在生活决定的，如果生活一帆风顺，自然就可以开心，而自己生活中困境太多，所以无法快乐。

这种认识显然让自己陷入了非常被动的局面，它形成了一个无法解决的心理困局：认为一个人的心情完全是由外在的现实生活决定的，生活无法改变，心情当然无法改变，这把自己快乐与否的决定权完全交给了命运！

还有的人会把决定自己快乐与否的权利让给别人。认为是因为别人做了什么才导致自己不快乐，只有别人做什么，自己才能开心。这种认知往往会对别人提出非常高的要求，也使得自己经常处于不能被满足的境地，获取快乐同样非常困难！

也许很多时候我们没有意识到快乐的决定权其实掌握在自己手中。外界的现实

固然重要，但更重要的是自己看待这件事情的心境。所以，情绪ABC理论的创始者埃利斯指出：正是由于我们常有的一些不合理的信念才使我们产生情绪困扰，甚至会引发一些情绪障碍。其中A就代表所发生的事件，B代表对这个事件的看法和理解，C代表引发的情绪和行为的后果。很多人认为是A决定了C，但事实证明不同的人对于所发生的事件的反应是不同的，这说明决定C 的是B，也就是一个人的认知和理解，而不是A。

所以，现在越来越多的人接受了快乐是一种能力的观点，一种在任何情况下可以调整自己认知、自己情绪的能力。它并不是一种被动的对生活的反应，更是一种主动积极应对生活的能力。

当然，快乐并不单单是一种能力，更是一种态度，一种对美好生活的追求，一种对生活的点点滴滴的再创造，是一种生活的艺术！

美国的心理学家斯科特派克说：“心理不是需要治疗，而是需要抚慰和疗愈。”而抚慰和疗愈的最好方式也许就是把生活过得丰富多彩，让自己的内心花园更加美丽多姿，成为滋养生命的源泉。

其实心境的改变也很简单。

它也许是疲惫不堪后，为自己沏泡的一杯香茶，给自己一个时间空间慢慢地品尝。

也许是住所虽简陋，花瓶中却日日盛开的一株野花。

也许是贫寒交困之日，母亲精心准备的一顿肉饺子。

也许是一个人虽漂泊异乡，却在生日之际为自己精心挑选的一个小礼物。

也许是对为难自己的人一个简单的微笑，把不快付之浮云。

也许是在辛苦打拼后，给自己的一段短暂的假期。

……

其实，生活就是这么简单，如果你不自己为难自己，又有什么能让你不快乐、不开心呢？

生活是一门艺术，需要我们带着对美好的追求慢慢描绘，把它描绘成一幅美丽的风景！

杨莉

看见自己的好，更要看见他人的好

亲们，早上好！新的一周开始了！

今天，周一，开启新的一周，工作愉快！一起创造属于自己的价值！

今天，自己坚持锻炼的第215天！时间30分钟，4公里运动！

今天，我们一起迎着太阳出发！创造属于我们自己的价值！

今天，分享一下：

今天，在家庭及团队中，看见自己好的方面，也更要看见他人好的方面，我们一起来积极地面对当下的家庭及团队的问题！一起在解决的过程中更好地实现自己的价值！

我们一起来面对自己，认识自己，提升自己，从今天当下的事情做起，做好！

● 燕园心理：马泽中

芊芊心解　每个人都有值得被赞赏的一面

每个人都有值得被赞赏的一面。

当你赞赏别人时，你也在赞赏自己。

你是如何对待自己的，你就如何对待别人！

你对自己挑剔，你就挑剔别人。

你对自己苛责，你就苛责别人。

你修正自己，你就修正别人。

……

你理解自己，你就理解别人。

你接纳自己，你就接纳别人。

你赞赏自己，你就赞赏别人。

心理学把这叫做投射！

投射就是，我把我对自己的不满意和期待全都放在别人身上，只留下一个假的看起来“好”的自己。也就是说，好的全归我，不好的全归你。借着批评你的不好来彰显我的好，目的只是为了让自己感觉好！

感觉好并不一定是真的好！

真正的好是，觉得自己好，也觉得别人好！

过去，我是一个挑剔、苛责，又爱修正的人。我总是理所当然地挑剔、苛责别人，并且很纳闷：“为什么你不能做得像我这么好呢？”

后来我才发现，我其实对自己也很挑剔、苛责，我不能允许自己有丝毫的懈怠和享受，总是要不断修正自己的不足。当我累了倦了，当我想懈怠和懒惰些的时候，我就自动化地去挑剔身边人的懈怠和懒惰，期望他们处在一个不断修正和完善自己的过程中，还要加上一句“为什么你不能像我一样”，以此来掩饰自己的懈怠和懒惰，弄的别人不敢靠近我，看见我就会紧张，压力很大的样子。

现在，我收回了我的挑剔、苛责和修正，一心一意地看我在挑剔苛责什么，这挑剔苛责在表达什么，我想把自己修正成一个什么样的人，我为什么不能允许自己享受一下下，懈怠和懒惰对我又有什么意义和价值。

哦，原来它们在说“你不够好，你还要再好一些”“你要做一个优秀的人”“父母很辛苦，你不可以懒惰”。

“我真的不够好吗？”

仿佛也不是。和一些人比，我有优势的一面，和另一些人比，我也有劣势！但总的来说，我也有好的一面。

“我还要怎样好才算好？”

原来，“好”在我这里没有标准。因为没有标准，我的眼睛就盯着别人有而我没有的那些优点，永远在取长补短，期望把自己变得更完美，而这很累，并且永无止境。不是吗？

“我可以休息一下下吗？”

好的，亲爱的，你当然可以休息啦！

我开始理解那个挑剔苛责的自己，认回那个觉得自己不够好的自己，告诉她她已经非常好了！

当我认回那个觉得自己不够好的自己时，我就能够看见自己好的那些面了。

当我看见自己好的那些面时，我就不再挑剔苛责别人了。

当我不再挑剔苛责别人时，我就能允许他们以自己本来的样子呈现了。

当我允许他们以自己本来的样子呈现时，我就能发现他们的好，并发自内心赞赏他们、欣赏他们。

其实，每个人都有值得被赞赏的一面。

当你能够赞赏自己的时候，你就能去赞赏别人了！

赞赏别人也就是赞赏自己。

如此！

程语

顺势而为

今天，回北京啦！满满的收获！满满的希望！

继续努力开启属于自己的人生和事业！

继续开启属于自己的生活和工作！

只要在人生的道路上，就会有"无常"，那就带着无常心态更好地前行！

只要在人生的道路上，就会有"凡俗"，那就更好地以凡俗的心态做好自己的"非凡不俗"的事情！

只要在人生的道路上，就会有很多"放不下"的事情，那就更好地、积极努力地先做好"拿得起"的这些事情，用心做好当下属于自己责任使命的事情！

人生就是一直在前行的道路上！

自己有"六和"，与一起在前行道路上的你分享：

一和，身和同住；

二和，口和无诤；

三和，意和同悦；

四和，见和同解；

五和，戒和同修；

六和，利和同均。

燕园心理：马泽中

芊芊心解 你是怎样化解冲突的

人在关系中，冲突在所难免，但每个人面对冲突、解决冲突的方式却不尽相同。

有的人敢于面对冲突，擅于处理冲突，所以冲突不仅不会成为他生活的障碍，有时反而会因为冲突而“不打不相识”，结下一些好的缘分；但有的人就会因为不善于处理冲突而导致关系遭到破坏。

所以，冲突并不可怕，如何处理冲突却是一门非常重要的学问。

一、冲突本身不会破坏关系，回避冲突却会导致关系破坏。

A因为觉得和老公无法沟通而来到咨询室。

在A的描述中，她和老公结婚6年，但却总觉得和他之间隔了一堵墙，怎么也走不近，她有很多时候都不知道老公到底在想什么，也不能确定老公到底爱不爱她，因此对二人之间的感情越来越悲观。

而导致她产生这种感觉的最主要的因素就是他们之间在发生矛盾时，她总觉得和老公之间根本无法沟通。在平常没有矛盾的时候，他们也很恩爱，老公对她也很照顾，关系也很轻松。但生活中难免会磕磕碰碰、意见不合。在发生这种情况时，她只是希望两个人能坐下来有商有量，共同找出一个合适的解决办法。但每当这个时候，老公就开始不吭声，态度就会变得非常冷淡，不管她说什么，都不会给予太多的回应，要不就逃避回答，要不就态度含含糊糊，有时她着急了，想要和他说清楚，他就找各种理由离开或是指责她过于强势，而导致双方大吵一架，但还是说不清楚。

每当这个时候，她就会特别压抑和痛苦，不知道发生了什么，明明自己只是想和对方有一个沟通，怎么就会搞成这个样子？难道真的是自己的沟通方式有问题？于是为了改善关系，她也开始学习，看了很多书，尝试着像书上说的那样选择合适的时间、用温和语气来和老公沟通，但还是没有太好的效果，一谈到有冲突的地方，原来的戏码又会重复上演，这让她觉得非常崩溃，觉得似乎只有自己一个人在为这段关系而努力，这让她非常的累，甚至想要离婚。

在后来的咨询过程中，我们慢慢看到原来问题并不主要在于她的沟通方式，而是因为她的老公是一个非常害怕冲突、回避冲突的人。由于生长在一个一言堂、父亲完全说了算的家庭中，他其实有很多的压抑和愤怒都没有能够表达出来。因为在他的记忆中，只要家里人和父亲的意见不一致，父亲就会大发雷霆，根本不让别人表达，只要求他们听话就可以了。他也曾经反抗过，但最后都被压制下去了，甚至还挨了很多打，慢慢地，就特别害怕发生意见不一致。因为一旦意见不一致，对他而言就意味着又会发生冲突，内在感受上就又回到了那个令人痛苦的场景中。

另一方面，他其实内心就很希望妻子能够听他的，满足他被尊重、被重视的需求。但妻子却总是要和他商量，这让他就感觉自己的意见已经被否定了，而且由于他的经历过程中就没有过有商有量的体验，最终都是他必须压制自己的感受来服从父亲的意见，这就让他觉得商量只是一个借口，最终的结果就是他的意见被否定。

为了避免体验到这个痛苦的感受，他就把和妻子之间的互动过程进行得非常强势和简单，只要他表达了自己的意见，妻子没有同意，他就会把这个沟通的过程终止，来表达自己的攻击，同时，也避免自己不断体验到被否定的痛苦。所以，每当这个时候，当妻子和他发生意见不一致，想要去商量的时候，他的内心感受就会非常复杂，有被尊重的需求、有不被认可的担心、有被打压的恐惧、有不被尊重的愤怒、有不会处理矛盾的慌乱，这些都让他内心乱七八糟，不愿再去面对这一切而只想逃之夭夭。但他这种对冲突的回避却直接导致他们夫妻关系的恶化。

在经过这样的互相探讨后，妻子对丈夫的内心有了更多的了解，表示愿意在今后的沟通中更关注丈夫的感受、尊重他的意见；丈夫也表示自己会努力做出改变，克服自己的心理困境，更加真诚地去表达自己的想法，注重沟通的过程，和妻子共同商量去解决事情。

从这个例子中我们可以看到，在发生冲突时，首要是要有一个正确的认识：不同的人在一起，一定会发生一些冲突，但冲突本身不代表着关系的破坏，关键是如何去面对冲突。

首先不能逃避，而是要真诚地去表达自己的意见、表达自己的感受，让对方了解自己的想法，同时也给予对方相应的尊重，尊重对方表达自己的感受和想法，注重沟通的过程。这样的一个彼此交流、彼此倾听的过程本身就有利于建立一个好的关系，增进彼此间的感情，有助于事情的解决。

二、在发生冲突时，先回到自己。

还有很多人在发生冲突时，会理所当然地觉得这是别人的错，自己是很无辜的受害者，这也非常不利于冲突的解决。

事实上很多时候外面没有别人只有自己。很多时候我们的很多冲突其实不是外在的冲突，而是自己内心的冲突；很多冲突不是当下的冲突，而是曾经自己过往经历中的一些冲突；但由于一个人的内心感受是没有时间和空间限制的，就很容易把过去的感受当作现在的感受，把自己内心的冲突当作和外界间的冲突。

就好像上面例子中的老公，其实他在发生冲突时的很多愤怒、恐惧、想逃跑的感觉并不是他的妻子带给他的，也不是当下他们夫妻关系中形成的。更多的是在儿时和父亲的互动过程中，他感受到被压制、不被尊重的感觉，这引发了他的愤怒，当时他是不敢公开表达出来的。但现在就会把这个愤怒投射给自己的妻子，当妻子没有立马答应他的要求，要和他讨论时，就会再度激活他不被尊重、被教训来教训去的感觉，他就会感觉这个讨论没有意义，结果一定就是自己的意见又被否定，那还讨论什么？所以就会对妻子有很强的愤怒，就会用隔离、冷战的方式来保护自己、打击妻子的自尊。这时的妻子某种程度上就成为了老公曾经经历的一个替罪羊。

所以，在发生冲突时不妨先回到自己，觉察一下此时自己内心的感受，这种感受是当下的，还是过去的？是自己内心的冲突还是外界的冲突？认识冲突形成的原因，这会更有利于冲突的解决和自己的成长。

三、解决冲突最关键的不是结果，而是尊重、真诚的态度。

有一句经典的话叫：“我不同意你的意见，但我誓死捍卫你说话的权利！”这句话同样适用于沟通过程中。

在沟通过程中最容易发生冲突的就是不允许对方说出自己的感受，否定对方的意见和感受，争相表达自己而不愿倾听对方，忽视沟通交流的过程而过分注重结果。

其实，无论沟通还是处理冲突，最重要的都是这个彼此交流的过程。冲突是一个客观存在的事实，面对这个事实，无论是和气商谈还是生气争吵，都是沟通的一种方式，关键是这个过程必须得有，处理得当，它会是一个增进感情、拉近距离的非常重要的方式。但如果把这个过程掐断，这对于双方都是一种拒绝走近，一种切断关系的表达，就会极大地破坏关系。

所以，解决冲突最关键的是尊重、真诚的态度。

冲突本身并不可怕，可怕的是一个人对冲突的恐惧，是拒绝面对冲突、解决冲突，让一个小冲突一步步演化成一个大冲突，最终造成关系的破坏。

一起学点心理学，让自己更清晰的看懂彼此间的互动，更好地化解彼此间的冲突、更好地维护彼此间的关系！

杨莉

人生，就是自己做的那些独一无二的选择

亲爱的，早上好！

新的一天！向着太阳出发，一起出发！

今天，自己坚持锻炼时第276天！时间40分钟！快走5公里！

经常被问到："马老师，你告诉我，我该怎么办？""我这样选择对吗？你说，我选择对了？还是错了？"

其实，人生是一条有无限多岔口的路，每个人都要不停地做选择，而不同的选择也必定造就不同的人生。其实，每一个岔口的选择并没有真正的好与坏、对与错，因为每一段人生都是我们自己独一无二的选择。

今天，选择了就要面对，更要好好地用心投入！

或许，每天都会有一些自己无法改变，甚或不愿面对的事情存在和发生，或许，除了逃避现实以外，唯有更好地努力前行，才是真正的解决之道！

今天，哭过了，笑过了，累过了，乐过了……那就好好地继续努力前行吧！

● 燕园心理：马泽中

芊芊心解　迷茫时，唯有行动能够解惑

在我的咨询中，有很多都是青少年。在给他们的咨询中，很多次我都会用到《小马过河》的故事。

相信这个故事，很多人都知道。讲述的是一匹小马，妈妈要它独立的驮着一袋小麦去磨面，但它在途中必须要经过一条大河，这时，它不知道怎么处理了，因为它从来没有独立的走过，不知道河的深浅。这时，它决定问问别人。它先后问了小松鼠、长颈鹿、牛阿姨，它们有的告诉它千万别过去，会被淹死的；有的告诉它水特别浅，根本没事。小马非常纠结，不知道该怎么办，只好回去问妈妈。妈妈说："也许，你可以去试试。"于是，小马决定亲自去尝试一下。结果，它顺利地过了河，水不深也不浅，刚好到达它的膝盖处。

不只是青少年，很多时候，我们成人在做决定，尤其是人生中的一些重大决定时，都是这匹小马。担心、焦虑、犹豫，害怕这个选择会选错。

为什么这么害怕?

也许有时确实是因为客观的现实情况，涉及一个重大的抉择，这时的犹豫便是一个恰当的反应，可以帮助我们更加综合地考虑、更加冷静地选择。

但也有很多人，犹豫成为他的一种人生模式。无论面对任何选择，都会陷入犹豫不决中，这就是一种会带来危害的反应了。它会让我们错失很多良机，阻碍了自己的发展。

为什么会这样呢?

这可能是一种不允许自己犯错的模式，一种犯了错就认为会导致灾难性后果的思维模式。它往往把错误的后果过分夸大化，让我们的人生过得小心翼翼，深怕会选择错误。

这也可能是一种不自信的表现，总是对自己的选择非常怀疑，希望别人能给出自己一个正确的、没有风险的答案。于是，往往会在关键的节点上犹豫不决，不得到一个正确答案就不做选择，不去行动，僵化在原地。这不仅会带来很多内心的冲突和痛苦，还往往会错失很多良机，阻碍了自己的发展。经常重复这种经历，之后

遇事会更加小心谨慎，形成一种恶性循环。

这种不自信的感受可能来自曾经家长对孩子的过分否定和打压，让他总觉得自己的选择是错误的、是危险的；还有可能来自家长的过度控制，不让孩子去体验自己的选择，只要求他必须听话；也有可能来自家长自己的焦虑或溺爱，过度的保护，不让孩子去承担任何一丝风险……

总之，无论是哪一种情况，都阻挡住了孩子成长探索的脚步，阻碍了他经验的丰富和自信的建立。

作为父母，我们的控制力、保护网终究是有限的，终有一日，他们必须面对自己的选择，这时如果之前没有独自做选择的经验，就会出现犹豫不决、总是担心自己会选错，总希望自己能先知道一个正确答案再做选择的境况。

在这样的人生中，痛苦纠结成为常态，人生最重要的不再是体验，而是对错；人生最精彩的不再是开拓，而是规避风险。

但选择真的有好坏吗？

大多数时候，选择其实并没有对错之分。实际上最重要的是选择后如何去做。无论选哪一条路，都一定是有好有坏，不断碰到问题解决问题，提升自己的应对能力，才是真正的王者之道。所以，我们会看到有些人走哪条路都能成功，有些人怎么选都会遭遇失败。区别在人，而不在路。

路是活的，无论走哪条，最后都殊途同归；路是发展的，决定成败的是一个人的努力，而不是选择本身；为了选一个所谓的正确答案、僵化不动，就永远不会有正确的答案。

所以，对于选择，不是寻找一个所谓的正确答案，而是解开内心的枷锁，勇敢地去做出自己的选择，并实践自己的选择。如果实在迷茫，不如先行动，在行动中慢慢发现事情的走向，再做出选择。

正确的答案永远不在别人手中，而在于自己实际的探索中，正确的答案要靠自己的行动去书写，迷茫时，唯有行动才能解惑！

◎ 杨莉

学会表达自己的真实感受

早啊！周一开始啦！

今天，新的一周开始，每一周总会有不同的变化，不同的发展！在变化和发展中，自己是否也在变化和发展？

今天，在工作和生活中，学会表达自己！

学会表达感受而非表达情绪！理解一下自己的感受，消化一下自己的情绪。

学会表达自己的需求而非要求满足！需求可以被表达，需求却并非都会被满足！需求≠满足！

新的一周开始了，在关系中学会自己积极地表达自己！开启更好的工作和生活！问候一下一起出行的自己！

今天，满怀信心和希望的期待……

今天，周一早起，天气变化，我也继续坚持锻炼第324天！坚持锻炼时间30分钟，慢跑2.9公里！

● 燕园心理：马泽中

芊芊心解　真实的表达需要勇气

现在有很多的沟通课程都在教大家如何在关系中沟通、表达，可见合适的表达方式对于建立一份和谐的关系是多么的重要。

可在学习了很多的课程后，知道了很多的方法后，很多人还是无法真实的表达。因为很多时候，我们不敢直接真实的表达，不关乎技巧，而关乎内心的感受。

很多人说自己不敢表达是因为不会说话，怕说不好、说不清楚。其实，除去生理上的一些缺憾无法正常表达外，每个人都完全有能力清晰地表达自己，哪有什么不会说话？

所谓的不会说其实不是不会说，而是不敢说。是内心那份深深的不确定，是那份害怕被否定、被拒绝的恐惧。

比如，一个从小就经常被拒绝，被否定正常需求的人，他可能很难在长大后自然地、直接地表达自己的需求，因为在他的内心中深埋着害怕被再次拒绝的恐惧。

这个恐惧有可能让他很少表达自己的需求，哪怕是正当的，因而牺牲了很多自己的利益；也可能让他变得假性独立，根本不愿意和别人有更多的连接，更多的是自己满足自己；也有可能让他变得有求必应，很难拒绝别人的请求，因为不能让别人像自己那样因为被拒绝而受伤；也有可能让他用各种变异的方式来表达自己的需求，比如各种类型的“作”，但他却就是无法真实直接地表达自己内心的期待和需求。

A就是这样的一个特别被动、喜欢让别人去猜测他心思的男人。

由于他曾经的需求经常被拒绝被否定，这使得长大后的他很少主动、直接地表达自己的心意，所以他会用各种隐晦的方式来表达。比如，脸色、反常的一些举动等让对方察觉到他的想法，再主动询问他是不是有什么样的需求。这时如果他觉得安全，就会慢慢地表达出来，再等待对方去满足。这样就好像不是他自己主动提出要求，而是别人主动给他的，他只是接受了而已，就不用觉得欠对方人情，也不用面对自己有可能被拒绝的风险。而如果他觉得不安全，就会直接否定，但他所有散发出的信息又在表达他有这样的需求，给人造成很矛盾的感觉。这让他在人际关系中就始终处于一个比较被动的局面，也让和他相处的人会觉得非常累，阻碍了他和别人的交往。

B女孩则是既非常想要别人的关心，但内心深处又觉得这样的需求是很难被满足的人，于是就用让自己生病的方式来获取这种关心。因为在她心中，大家对于病人应该是宽容的、关心的，这时她提出这样的要求才不会被拒绝，而她也才可以心安理得地享受这份关心。

所以，经常阻碍我们真实表达的，其实是内心深深地对被拒绝的恐惧，而害怕被拒绝则有可能和更多更深层的心理需求相连。

有可能被拒绝代表着自尊的伤害。

有可能被拒绝代表着不被爱、不被喜欢的感受。

有可能被拒绝代表着被抛弃的恐慌。

也有可能被拒绝代表着对自我深深的否定，认为自己很不好。

总之，正是这种种的担心让我们无法真实地表达自己，让我们会担心自己的表达是不是合适？会担心表达后的结果究竟会是怎样的？

这就需要我们不断了解自己内心真正的需求，看到内心的那份恐慌，尝试着对自己的内心做出调整。

1. 认识到表达并不是一定要被满足，也不一定会被满足，需求并不等同于被满足。

2. 虽然需求不一定会被满足，但那不并不代表这个需求就是错误的、就是不合理的，因为它是真实存在的。更不代表是因为我们不够好，才不被满足，而是尊重每个人选择的权利，既尊重自己表达的权利，也尊重别人做出任何反应的权利。

3. 虽然需求不一定被满足，但那是我们存在于这个世界上发出的自己的声音，只有表达出来，才能让别人清晰地知道自己的需求，才有被满足的可能性。即便不能被满足，也能让自己看到了自己真实的需求。如果真的无法被别人理解，也并没有那么可怕，自己才是自己最好的伙伴，最亲密的朋友，可以更好地看到自己、满足自己，让自己享受被爱、被满足的感觉！

真实地表达自己，需要勇气，更需要我们不断的成长，看到自己的需求、认可自己的需求、接纳自己的需求，更好地满足自己、陪伴自己！

杨莉

工作·激情篇

知行合一，更要知行并进

亲爱的，今天，周五啦！早上好！

今天2017燕园心理全体员工年会！感谢所有助理团队一年来的努力和付出！

周五，今天开会就是休息啦！

今天，自己坚持锻炼的第278天！时间30分钟！快走3.5公里！

今天，看见自己：

今天，止语！

觉察自己生命的初心！践行自己人生的当下！

今天和昨天的不同在于：昨天的已经过去，属于过往！今天的正在进行，可以调整和改变。

人生中，知行合一！

可是为何，我们只知不行？

知和行之间还有一个信！是知—信—行！

我们，只知不信也不行！

既知，又信，才行！只知，不信，无行！

今天，知行合一，知—信—行合一！也更要知行并进！

嘴上说知道了，行为上更要先去做。

做的过程中内心才会有感受，才会有体验，才会内化，才会转化为自己的！

这就是知—信—行！也是，知行并进！

今天，开启一天属于自己的、适合自己的生活吧！

今天，做好当下就是当下的修行！

● 燕园心理：马泽中

芊芊心解　为什么知道却做不到

我一直认为我是个爱读书的人，直到前几年在燕园心理马泽中博士的团体心理动力成长小组中被问到“一年读了多少本书”时，我竟然发现，在那年，除了应付考试要读的几本书之外，我竟然没读过什么书！

原来我是个不爱读书的人！

可是这几年我明明进步神速啊！

那么我是怎样进步的呢？

我喜欢面对面讨论。

在讨论中，我的脑细胞会激荡起来：接收、加工、反馈，循环往复，然后形成属于自己的新观点。

我还喜欢听高人论道。

我只是静静地听着、观察着、感受着，不插话不提问，把此情、此景、此语、此感受全然地留在心里，等待发酵。

我还喜欢比较。

我比较的核心点是“我”：为什么她跟权威相处得那么自然，而我却不知所

措？为什么她敢说这样的话，而我却不敢这样直白？为什么她敢闹敢要，而我却不敢？为什么她会这样选择，而我却会那样选择？同样的，我不询问，我只是把疑问留在心里，等待答案。

我对自己很好奇。

我参加心理团体、听心理课程、看公众号的心理文章，不是为了获取知识，而是为了找回我的感受。每找回来一个感受点，我就观察它在我的生活中怎样呈现，如此，我就对自己多了一些了解，多了一些释然。

前段时间，我清理书刊，赫然发现，我当年竟然买了那么多养育孩子的书刊，不仅一一拜读过，而且还划了重点！

可，究竟是什么原因使我不再去读书了呢？

好像我要去寻找一个方法来解决我生活中遇到的具体困惑。

书刊中的话都很有道理，可是我依然不知道该如何做！

我和书刊上的道理、知识就像两条平行线，我知道它很对，我也很认可它，可是它就是不能为我所用，我们始终不能相遇！

也许，我需要把道理和知识，通过某种方式，让它们在我心里发酵，然后这道理和知识才能变成我的，才能滋养我，我才能去滋养别人。

这某种方式也许就是我们之间缺少的那个连接！那个像脐带一样的连接！

此刻，我想，这个连接也许就是感受！

我划了重点的这些信息，虽然我认可它们，可是我对它们没有感受，我也不知道如何对它们有感受，因为，“感受”这个词在我长大的过程中慢慢被丢弃了。

自我成长最重要的一项任务就是唤醒感受。

当我通过心理成长唤醒了我的感受，虽然我没读书，可是，当我讨论、听高人论道、带着对自己的好奇默默观察比较时，我其实就是在调动我的感受。通过感受，我做了一个把道理、知识和我这个活生生的人连接起来的动作！

这个动作，叫做内化，这个过程，就是让“知”发酵，变成“行”的过程。

那时，我用的“知”是讨论、听高人论道、对自己好奇、观察比较找原因。

这些“知”被我感受、被我内化、被我加工，成为我自己的一部分，来滋养我，最终通过“行”体现出来。这就是为什么我那几年没读什么书，却觉得自己进步很快，竟然误以为我是爱读书的人！

现在，我已不想跟人讨论，我只想获得“道”的第一手材料，对自己保有更深的好奇，所以，我原先获取“知”的方式，已经不能满足我新的需求了，于是，我重拾读书，丰富“知”的部分，为感受、为加工、为内化输送更多原料。

“知”是原料，“行”是做，“感受”是加工是内化。具有能动性的“我”把原料（“知”）通过“感受”进行加工内化之后，原料（“知”）变成养分，成为我思想的一部分，并体现在我的行动（“行”）上，为我所用，达到知行合一、知行并进。

如此，“臣妾”才能做到哦！

◎ 程语

成功缘于一点一滴的累积

早上好！问候早安！

平和的一天从早起开始！

早起，从平和淡定开始！让自己的一天从从容平和淡定的起点开始！

想想自己今天要做的一件、两件、三件……具体的事情是什么？

那就先从用心做好第一件开始吧！

好几天没有户外运动了！今天，实现一个小目标——3.2公里！

这个数字是最近大半年坚持的成果哟！有一种淡淡的喜悦感！

或许，人生的成功都是一天一天攀登出来的！优秀都是一点一点累积出来的！成功的道路也是一步一步跑出来的！优秀良好的习惯也是一点一点累积养成的！

今天，勇敢地迈出了第一步，用心地坚持下去！再往前迈出一步！那就继续往前走吧！

今天，在跑步中思考，在思考中跑步！继续坚持！2018年5月16日，锻炼第343天！坚持锻炼时间31分钟，慢跑3.2公里！

● 燕园心理：马泽中

芊芊心解 真实的生活是人生最好的修道场

有句话说："生活像一面镜子，照出了每个人不同的灵魂。"

的确如此，容颜苍老了，我们可以用化妆来遮掩岁月的痕迹；人际间，可以用面具掩饰真正的自己；可只有在面对日复一日的生活时，它才是如此的真实、如此的公正无情、只要镜光一闪，就撕下了所有的隐藏。

所以，认识一个人，无论是别人还是自己，重要的都不是听他所说的，而是看他所做的、他真正面对生活的样子，这才是我们内心真实的样子，也许有时候连自己都不知晓。

一个年轻人可能一直对自己的未来抱有很高的期望，认为只要努力，就一定可以做出一番事业，可只要看看他，对待工作能推就推、能拖就拖、业余时间大多泡在酒桌上的样子，就知道这可能是个好高骛远、眼高手低的人。

一个妈妈可能非常伤心：自己对孩子那么好、处处为他着想，可孩子却对自己这么排斥。如果妈妈愿意走入他们的生活重新看一看，也许就会看到她事事都要质疑孩子的想法，都要软硬兼施、最后说服孩子听自己的话才会罢手、才会开心，也许这时她才会突然醒悟，原来不是妈妈爱孩子，而是孩子爱妈妈，不是单单妈妈在为孩子付出，同样孩子也为妈妈做了很多的牺牲，也许她就能更深的理解他们之间的关系。

所以，生活才是一面最真实的镜子，让我们认识自己、了解自己，而如果想要改变、想要成长，真实的生活也才是最好的修道场。

一、不要试图用追求完美去逃避生活的挫折。

很多人在生活中遇到挫折时，都会在潜意识中有一种想法，认为是自己有很多不足的地方，才会导致挫折的发生，如果自己做得足够好、足够完美，就可以避免这些挫折。所以，这时往往会想要避开不去解决这个实际的困难，而想要去先提升自己的某种能力，在有足够的力量时，再回来解决问题。这看似没有问题，也是一种非常积极的态度，但实际上却经常会陷入一些误区。

只要自己足够强大、足够优秀，挫折就可以避免吗？

什么又是足够强大、足够优秀的标准呢？

这会让很多人陷入逃避而不自知，不断用所谓的成长来逃避真实问题的解决。

他们忽视了不管再怎么提升，一个人永远不可能完美，挫折也永远不可能完全避免，不断贬低自己已经具备的，不断向着一个抽象的、完美的目标去努力，总是觉得自己做的还不够好，还不能够去应对，始终处于一个准备的阶段而不能开始，实际上是一种逃避。就像我们所说的一种“成长病”！借成长来逃避真实困境的解决！

比如，一个孩子因为恐惧面对失败，而始终认为自己还没有做好上考场的准备，拒绝参加考试，虽然他每天都在努力地学知识，但就是不能让自己走向考场。他没有看到自己实际上最大的困难不在于知识，而在于面对失败的勇气。

一个成人因为人际关系受挫，没有被提拔，他就认为自己必须去学习很多人际方面的知识，只有当自己学好了，成了一个能交际的高手，一切困难就可以迎刃而解了，于是他每天都在看这方面的书、听这方面的课，但却用更少的时间来和真正的人交往，导致他和同事间的关系更加冷淡。他没有意识到实际上自己这么做正是逃避真实交往的一种方式。

二、真正的修行是在真实的生活里。

其实真正的成长要在哪里成长？

当然是在解决问题里成长，是在生活里一次次的打磨。

一个想要和孩子改善关系的妈妈，一定不是读了多少书、懂了多少道理就可以改善亲子关系的。反而一定是通过一次次和孩子的交谈，一杯杯热气腾腾的牛奶、一次次在孩子遭遇挫折时的无声陪伴来实现的。

一个想要提升人际交往能力的人，也一定不是通过简单的理论学习就可以实现的，一定是通过一次次真实的交往、面对挫折时的不气馁、不害怕、带着勇气重新开始，通过一次次和真实的人的互动来实现的。

正是这一个个真实生活场景的经历，一件件现实事件的处理，一次次真实情感的连接，才会让我们活得更加真实，能力有更大的提高，能够以一种更透彻的、更多维度的视角来看待自己、看待世界，有更强大的自信来应对生活。

充满烟火气的人生才是成长最好的修道场！

杨莉

生活和工作就是如此简单

各位亲，早上好！周末愉快？

今天，北京秋高气爽，一起运动！开启更好的一天！

今天，自己坚持跑步的第193天，40分钟，5公里！

今天，感受早起跑步的美……一起跑起来！

今天，开启一天的咨询师工作……

生活和工作就是如此简单吧！

分享一下最近咨询中的感受：

感觉自己就是“超人”一个啊！

现实关系中，人与人之间最远的距离就是互相不理解，而最近的距离是“你说的我都能理解和体会”。

当一个生命个体可以理解另外一个生命个体的时候，感觉到的是ta无条件地接纳，这份理解和接纳就可以愈合人心中的伤口。

因为那种被看见、被理解、被接纳、被爱，让我知道我不是一个人在这个世界上独自奋斗，会让我自己的内在产生很深的滋养和保持的力量！这比简单的赞美更有用，因为赞美和鼓励的字面下还表达了一种评判，意味着你做什么是好的，你做什么是不好的。

今天，你还好吗？我还好！

一起知行并进……

燕园心理：马泽中

芊芊心解　生活和工作，其实可以很简单

昨晚，我看《太行深处》时想：我年少时受到的教育就是这样的。因此，几年前，我还看不懂娱乐片，我不明白，为何他们一言不合就开打，打到两败俱伤；也不明白，为何那个男人因为自己被甩，就非要处心积虑谋杀一个又一个女人。

在我的心里，我一直以为，每个人都该奉献自己，做些伟大的事。

可什么是伟大的事呢？

其实我也不知道。

潜意识里，我以为难事就是伟大的事。你看，电影里电视剧里不都是这样演的吗！男女主角历经千难万险，甚至付出生命代价才完成了那件事，那才是值得歌颂的！

于是，被潜意识控制的我就专找难事做！如果一件事没有挑战性，我就没有动力去做！因此，对于持续地坚持做一件事情，我是没有兴趣的，我只愿攻难点，并以此为傲。

所以，我的生活就是攻克一个又一个难点。

难点之间的空窗期也许会有无聊感吧。

开始自我成长历程之后的某一天，我意识到我的专攻难点，对此，我羞于启齿，因为我从不认为自己有那么厉害！

小组课上，有学员的目标是改变世界。我想，他好厉害呀！我可不敢这么想，我只想活得舒服些：我什么都不需要，我就需要让我的心舒服点。

可是我不知道什么样的生活才叫舒服。直到有一天，我发现，原来，我帮这个人搞定他的事，我帮那个人搞定他的事，其实潜台词是："我帮你们搞定了你们的事，接下来，你们就该帮我，让我舒服一下啦！"

我帮的这个人、那个人，最初是我的父母。我想帮助他们开心起来，我尽了我最大的努力让他们开心，可是他们总也不开心，所以，我也不敢开心。

无法帮到父母，潜意识就变相去帮一切向我求助的人或我认为求助于我的人。

于是，我的生活就陷入帮别人解决问题中，而在工作中就发展成了专攻难事。

可别人的问题，如果他不想解决，我也无能为力呀！

我只能解决我自己的问题。

既然我帮别人的目的是为了让自己舒服，那我直接转身让自己舒服不就好了吗！

于是，我开始观察那些看起来舒服的人都是怎么活的！

原来，他们只关注自己的事、自己的生活，他们知道别人的事、别人的生活该由别人去负责。

我学会了！

我不再主动伸出援手帮别人。

如果有人发出信号请求帮助，我也要分辨：他是只想倾诉呢，还是真想获取帮助，而我，也只给出我能给出的帮助。

原来，生活就是这么简单。

原来，工作就是这么简单！

做我能做的，并且每天精进一点点。

这样就好！

程语

提升自己的“做事力”

亲爱的，早安！

今天，积极向上慢跑3.7公里！开启了自己更好的一天！

今天，事情总会不断地发生，问题也会不断地出现，关系也会不断地变化！

我们一起在解决问题的过程中来积极地提升解决问题的“能力”！在做事的过程中来积极地提升自己的“做事力”！

看到事情背后的关系和动力的存在！看到问题背后方法和能力的存在！

今天，一起来做自己想做的事情吧！用心地做好自己当下的事情！

● 燕园心理：马泽中

芊芊心解　迈出第一步，迎来海阔天空

细细想来，曾经的我是一个很怕事的人。

首先，因为我怕麻烦。

再者，我也不会处理麻烦。如果事情发展得很顺利还好，如果不顺利，超出了我最初的设想和我的能力范围，那种无力、无助、挫败的感觉就会让我很烦躁，所以很多时候我不希望我的生活中出现麻烦，想要尽可能避开一切麻烦。

那怎么办呢？

于是，那时的我会尽量减少自己的活动范围、减少自己的欲望、减少自己的社交，让自己生活得尽量简单，尽量不受干扰，这样麻烦不就少了嘛！

真的是这样吗？

本来是非常在意友情的，可一想需要花费很多的时间去经营，需要经常问候，需要在最拥挤的高峰开车出去，只为了吃一顿饭，就会觉得很麻烦，于是放弃了。

本来很希望把家装修成自己喜欢的样子，可这就需要和家里人有很多的沟通，处理很多意见上的分歧，甚至有可能出现冲突，就觉得很麻烦，也搁置了。

有很多晋升发展的机会，但前期需要很多准备，也会经常觉得很麻烦，有的就放弃掉了。

那时的我，内心住着一个善良但又软弱的小女孩，怕冲突、怕麻烦、怕自己做不好、怕自己没办法，所以我尽量避免着生活中的一切麻烦，以减少困难对我的内心所形成的冲击。

麻烦可能确实是少了，但却给我的生活带来了很多的后遗症：我的生活变得单调乏味、封闭，因为丰富的生活我都不太敢去尝试；社交圈也很小，因为我不会拿出太多的精力去经营它，导致现实中能够借助的资源也很少，这给我的生活带来了很多的不便；内心有时也会感到苍白，即便日日读书，也无法取代真实生活中的种种情感体验……

这样的我，似乎保留了一份自己的清净，但也束缚了自己的发展。

当有一日，我终于厌烦了这样的生活，想要走出去看看，到大千世界去闯荡一

番的时候，却发现内心有着那么多的恐惧和纠结，深深地害怕着自己的幼稚、生涩和不成熟。

很多次，我又想躲回那个安静的小窝，关上门、堵上外界的风雨，那里虽然很贫乏但好歹还算安全。但内心却又深深地知道，这不可能。因为无论我内心藏着一个多么怯懦、恐惧的孩子，可现实中的我却已经是一个成年人，有着自己必须要去面对的生活和责任，一再的退缩只能让自己的生活面临更大的风险。如果我想活得丰富，只有勇敢地走出去，不断在这个世界上打磨，在实践中不断提升自己处理事情的能力，提升自己情感上的承受力，在生活中真正的感受真实。

就这样，我不断地说服着自己内心那个恐惧的小女孩，希望她能和我一起去出去看看，一起去做一些尝试，不断地安抚着她，无论发生任何情况，我都会和她在一起。我的内心不断地重复着这样的一些对话。

行动力太弱，于是我决定从脚开始，每天坚持跑步半小时来提升行动力。有很多时候想偷懒、不想早起，就尽量用晚上早睡来保证第二天能早起；为了防止坚持不下来，就每天在前一天做好第二天的计划，为跑步留出专门的时间；如果时间实在被挤压了，也尽量在别的时间中补回来。就在这样的一天一天的坚持中，我的自信在不断提升，对自己也越来越有确定感。

刚开始处理事情时还是对自己充满了很多质疑，总觉得自己处理的是不是不够好？每当这个时候，内心就又会充满了自我怀疑和自责，就又会激发起烦躁的情绪，再次想要退缩。这时，我就会启动觉察，让自己静下来，慢慢地看到内心那个严厉的自己是怎么又在苛责做事的自己的，然后就会去慢慢地在内心做一些调节，安慰那个努力做事的自己："做了就好，其实你已经做得很好了，已经尽全力了，只是有时候对自己过分苛责。""你现在所有的努力都不是为了做到完美，而是为了不断地在实践中提升自己的能力。""没有任何东西是学不会的，所有的看似完美也不过是一次又一次熟练的结果而已，只要坚持下去，你也一定可以做到的。"就在这样一次次的自我安慰中，我的内心逐渐平复，能够去耐受更多焦虑的情境。

面对社交的一些困境，我不断告诉自己去展示自己真实的样子而不是完美的样子。幼稚便幼稚、清高便清高、不擅交际便不擅交际，这都不再成为我评价自己、捆绑自己的标准。因为我越来越清楚，如果我想真正的走向人群，建立真正真挚的情感，更多的不是依靠高超的社交技巧，而是真诚的情感。而真诚首先缘于我对自己的真诚，可以在内心接受一个真实的自己，并且可以把她真实地展示在人前，这份接纳本身就会带来真诚和自信。也许我没有那么完美，但却从此因接受而真实，因真实而自信，因自信而自由！

时至今日，我的能力在不断地提升，自信在不断地提升，世界向我张开了怀抱，我报之以勇敢的投入。

我很喜欢今天的自己，喜欢今天的生活！也祝愿和我有过相同经历的朋友可以勇敢地活出自己、活得更精彩！

杨莉

人在一起，心在一起

各位亲，早上好！早餐吃一个苹果！
今天，自己坚持跑步锻炼的第195天！30分钟，4公里！
今天，开启更好的一天！

今天，分享一下：
昨天，燕园心理团队拓展——采摘苹果活动！
体验人在一起，心在一起，成就喜欢的有价值的团队！
一起感受，在喜欢的地方，与喜欢的人，一起做喜欢的事情！
一起，在燕园……来吧！加入燕园！

● 燕园心理：马泽中

芊芊心解　只有身心在一起，才能做到“人在一起，心在一起”

最近，我远离手机，并且在吃饭的时候，都会有意识地专心咀嚼三十下，仔细体会食物的甘美！

今天中午去食堂吃饭，我看到许多同学边吃饭边看手机。我因为一直在脑中搜索与这个题目对应的场景，于是，这司空见惯的一幕，立刻让我想到，这就是一个“身心不一”的典型场面：身体在吃饭，心灵在看手机。

我敢说，我遛狗比有些妈遛娃还用心。

有一次，我去遛狗，刚下楼就听到有位女士在焦急地喊一个名字，我听着像小狗的名字，一问，才知道，原来是她给了两岁的娃一块钱，让他去小区的小卖店买东西，而自己在看手机，再抬头时，发现娃不见了！

我遛狗不看手机。因为我要替狗观察以下信息。

1. 附近有没有比它大的狗（怕咬它）。

2. 有没有比它小的狗（怕它咬）。

3. 那些看似友好的狗狗是公是母，好决定要不要玩一会。

4. 回应狗狗看我的眼神。

然后我才能放心地天马行空一会。那一刻，我是在交替执行“我享受和狗在一起的时光”“我享受和我自己在一起的时光”。我和狗狗都很开心！

说到陪伴，我们常常会提到手机，因为手机让陪伴失去了用心、专心。没有用心的陪伴失去了陪伴的核心，徒有陪伴的形式。真正的陪伴是“人在一起时，心也在一起”。如果一个人无法做到身心合一，那么他与别人在一起的时候也无法做到“人在一起，心在一起”。

原先的我，也并不是能够做到身心合一的。

我的心总是没法和我的人待在一起！我的人也总是没法和我的心待在一起！它们总是各玩各的：我正在做这件事的时候，心里总是想着如何去做另一件事；我和许多人在一起的时候，我的心早已神游到别处。身心分离让我无法活在当下，无法和自己在一起，我也因此无法真正和别人待在一起，更无法做到“人在一起，心在一起”。

意识到就是调整的开始！我慢慢学习身在此心在此。

然后我发现，当我能够做到心和身在一起的时候，我就能够和我正在做的事情在一起了，我也能够真正用心地和别人在一起，或享受休闲时刻，或共同做我们喜欢的事情。生活和工作也因此成为一种享受。

程语

行胜于言

亲们，早上好！问候早安！

今天，行胜于言，行动才会主动！行动才不会被动！

在工作和生活中，用自己的实际行动，来消除自己内心的不确定！

今天，迎着春天的道路奔跑起来吧！

选择了就一直在路上，无论你是在奔跑，还是慢跑，还是快走……用自己适合的方式，继续努力前行就好！无需多言，只用多行！

时间很长，人生很短，趁着现在，一起做点事情！

我也继续坚持锻炼第326天！坚持锻炼30分钟，慢跑3.1公里！

● 燕园心理：马泽中

芊芊心解　自我突破

我相信这个世界上有很多人和曾经的我一样，心怀梦想，不甘心轻易被现实打败，但却经常被自己打败。

想的多、做的少；恐惧的多、行动的少；开始的多，坚持的少；行动总是被内心所束缚，导致最终影响自己的发展。那时的日子过的不上不下，很是纠结，既无法放弃心中所想，又无法投入地去追逐梦想，时间在不断流逝，对生活的纠结、对自己的否定在不断增加。

这样的生活总是非常沉重，所以，我不断地寻找着答案，寻找着突破这个卡点的路径。幸好，在不断的探索中，我终于走出了自己的路，也有了一些自己的感受。

一、明确目标。

很多次，我不断地觉察自己、反思自己，自己到底想要的是什么？每天忙碌做的那么多事情，究竟哪些是在不自觉的、无意识模式的支配下做的？哪些是我其实真正想做的？

这时，我才发现原来很多时候自己竟然并不清晰自己究竟想要什么样的生活？究竟想成为什么样的人？很多时候只是一种下意识的追逐。就因为并不清楚自己想要什么，所以目标一直很模糊或者多变，就无法把能量持续灌注在上面，导致最终自己能获得的成就是有限的、断续的，无法更好地激发出成就感，这就更加导致目标的易变、分散和模糊。

所以，好好地问问自己究竟你想要的是什么，这是很重要的。当然，很多时候，这个答案不是在静坐中等待出来的，而是在不断地行动和尝试中发现的。

不断地探索、不断地实践，就会慢慢发现我们内心中真正的需求，真正想成为的样子。

二、不断坚持。

有了目标，当然就是坚持。就像玩闯关游戏，需要一步步地去突破自己。但坚持不是那么容易的，我们有太多的理由可以放弃。除了人的惰性、前面提到的目标不坚定之外，还有一种影响坚持特别深的，就是习得性无助。习得性无助是由于过往的经历，从内心深处、潜意识深处认为自己是不会成功的、是不能成功的、是不配成功的。

这可以说是一道最难突破的魔咒，深深地束缚着很多人。受此束缚的人会呈现出各种各样不一样的表现：有的人是不能持续、深层地投入，似乎追逐了一段时间，就对这个不感兴趣了，转移到了另外的方向上，总是只能停留在浅层的接触上；有的人是不能够遭遇挫折，一旦遇到挫折，就会激起很多负面的感受，而无法坚持；有的人是不能和别人比较，一旦觉得自己已经落后了，就不愿再去坚持；有的人是不断追求完美，对自己非常苛刻，不断让自己体验到一种挫败感。总之，会有各种各样的表现，但归根结底都是不能让自己成功，不能让自己享受到成功的乐趣。

但是人往往很难从意识层面觉察到这些，就只能一遍遍地陷入过去的模式中而影响了自己的发展，这就需要我们不断地觉察，并在觉察中不断地突破这些束缚自己的魔咒。

三、在实践中突破。

那究竟该如何去突破呢?

1. 可以仔细地回想一下，自己的生活中是否也会不断地出现这些阻碍成功的景象呢? 那就好好觉察一下自己的内心在害怕什么呢? 是什么阻碍了自己呢?

2. 用行动去突破。不管是什么样的原因，目标的确定、受挫力的提升、能力的提高、耐心的增强，都需要用行动去一点一滴的突破，加深对自己的认识，加深对世界的认识。

3. 让自己不断地体验到成就感和确定感，会更有助于我们对自我的肯定，带给自己坚持下去的信心。

梦想是美好的，通往梦想的路途却是艰辛的。也许会遭遇很多困难，也许会经历很多迷茫，但真正的困难其实不在外界，而是源自内心对自己的束缚，生命的意义某种程度上并不在于最终的结果，而就在于不断的自我突破、不断打破内心的束缚，开创更多生命的可能性，这无疑就是在延展生命的长度和深度!

让我们一起在实践中不断地突破自己，更好地实现生命的价值吧!

杨莉

选择只需要一个理由

亲们，早上好！问候一声！

今天，自己坚持跑步锻炼的第196天！30分钟，4公里！

今天，再次应邀到四福讲授心理减压课！

今天早起的感受：

当我选定了坚持长跑，那么我也就笃定地、风雨无阻地去坚持，并坚持了下来。

我知道，放弃坚持跑步的理由有很多个，甚至超过一百个！

可是坚持下去的理由却只有一个：我不想放弃我自己、不想对自己妥协。

人生的很多选择只需要一条理由而已！

我相信：有信仰的人内心深处有一种敬仰和敬畏！

● 燕园心理：马泽中

芊芊心解　选择只需要一个理由

毋庸置疑，人生就是遇到一个又一个岔口并且做出选择的过程。

对于能很快做出选择的人来说，选择很简单。

对于难以做出选择的人来说，选择简直就是个世纪难题。

回顾往事，在每一个人生重大选择面前，我选择的原因只有一个，那就是，我心里就想要这个，不要不行。

小时候，我妈经常给我讲在北京工作的舅舅、在西安上班的表姐、音乐学院教授的故事，这让我对外面的世界很向往，也许，这奠定了我此后每个人生重大选择的基调和方向。

初中毕业，我面临两个选择，一是升初中专，早早稳定、早早工作；二是升高中，考大学。当时大多数家长和同学都选择初中专，毕竟这很确定，而升高中意味着还要等三年，三年之后能不能考上大学，谁也不能保证。而我，一心想像我的表哥们一样上大学。

大学毕业，留京还是回西安？我果断选择回西安，原因只有一个，我爱的人在西安。

继续工作还是考研？我选择考研，因为我想要一个更好的工作环境。

研究生毕业，留京还是回西安？我在最后一年萌生了留北京的想法，因为我如此热爱北京，我再也不想错过它，让以后回想起来遗憾又遗憾。

人到中年，选择大家都走的路，还是，选择少有人走的路？我坚定地选择了后者，因为，我想让我的人生有所不同。

对，让我的人生有所不同，这可能就是我做选择的基调和方向吧！

我小学时期的每一个暑假都在姥姥家度过，有一年的暑假，我记得，雨过天晴，知了叫得很响，我的两个表哥从学校回来，宣告成为他们学校绝无仅有的两名考上大学的学生。我想，就是那一刻，我就决心要成为他们那样的大学生吧！

初中时，我同桌的爸爸是个语文老师，我因此有机会阅读许多中外名著。我记忆最深刻的是《穆斯林的葬礼》中的韩新月和她的老师的美好恋情，以及一个关于

年轻地质工作者在沙漠中工作遇险时的浪漫场景。我想，就是那一刻，在我心里种下了对浪漫爱情的向往吧！

然而，我是那样的热爱北京，热爱北京的机会和文化，当我再次面临“留在北京还是离开北京”的选择时，我再也不想离开北京了。

在考研的专业选择上，我没有跟从自己的内心选择心理学，而是学了其他的前沿交叉学科，但是，人到中年，我还是回到了这条少有人走的路上。

你看，我在每个人生重大时刻做出的选择其实都有迹可循：它们就是在我成长的过程中，不经意间被种在我心里的种子，在未来合适的时刻冒出来，参与我的决策。每一个选择都来自内心深处，非这样选不可。现在想来，只这一条就足以让我拼尽全力，做出选择；而我舍弃的那些选择，无论它怎样符合外在要求，只因非我那时内心所愿，就会果断放弃。

这真的是：放弃的理由有无数个，而选择只需要一个理由，那个理由就是，内心想要。

常与自己的内心对话，常问它想要什么，这些“想要”会书写出你的人生。

程语

每一天的坚持是为了什么

亲爱的，上午好，台南！

今天，提前拜年了！我们，要开始准备过年了！

今天，自己坚持锻炼的第291天！坚持锻炼时间60分钟，快走6.8公里！

今天，春节的前一天，仍在坚持锻炼的自己！

此时，想起了每一天坚持的意义，也想起了2017年，自己工作中近1000人次的每一位来访者，在咨询室里每一小时心理咨询的坚持的意义和价值！其实，存在就好，健康的存在更好！积极健康快乐的存在就是一场财富拥有的奇妙过程！那么，还有些什么放不下呢？！

其实，生命每一天都在继续的生长和变化！生活也每一天都在继续、发生和变化！

今天，坚持是为了自己喜欢的人和事，更好地在一起！

此刻，明媚的阳光，蔚蓝的天空，清新的空气，这些也都是自己的生命值得拥有的！

拥有了这些，或许就会接纳和想通很多这些以外的人和事啦！

拥有自己，从此时此刻的自我开始做起吧！

● 燕园心理：马泽中

芊芊心解　为爱坚持

看到这个分享，内心一下被触动，眼前仿佛出现马老师四处奔波、风雨兼程的样子，在他的身上，我看到了承担、看到了坚持。

在很多人心中，坚持是一种品质、是一种能力。比如，很多学生会和我说："老师，我不是不想学啊，马上就要高考了，我当然想好好学，我只是没有毅力、坚持不下去。老师，你说我怎么才能变成一个能够坚持的人呢？"

每当这个时候，我都想发自内心地告诉他们："没有人能突然变成另外的一种什么人，这世上所有的一切美好都是需要积累的。坚持也没有那么神奇，其实我们每个人都可以做到，只是坚持的人选择了不能放弃，而不坚持的人选择了放弃。坚持不只是一种品质，其实更是一种选择、一种责任、一种承担！"

我和马老师相识于7年前，相识后我们就会经常交流，对彼此的生活也比较熟悉。这两年，马老师过的也非常辛苦，经常看到他不断地到各地去讲学、出差，经常早出晚归、一天往返于几个城市之间，真的可以说是披星戴月。平常的各项工作事务也非常繁忙，既要负责公司的管理，还要做咨询、做课程、谋划公司未来、参与全国心理事业的发展。记得他说："有时候经常一天忙完了，会觉得特别地疲惫，就会一个人去看场电影，好让自己放松一下。"即便这样，他也会每天坚持早起晨跑。

那时候我很不明白，在我看来，燕园心理现在已经发展得很好，他为什么不能放松一下，而要活的那么累呢？但他告诉我："如果只是马老师一个人的话，现在确实已经生活无忧，完全可以放松地生活。但我背后站着的不是我一个人，而是那么多和我一起为燕园心理付出过的人、那么多对燕园心理信任的人，这是我们共同的家园，我需要让燕园心理发展得越来越好，这是我的责任。还有全国那么多需要心理帮助的人，中国的心理事业的发展还远远不够，如果依靠马老师自己的力量去做咨询，即使做得再好，一年也不过帮助几百个、几千个来访者，所以我们要不断扩大我们的机构，让更多的咨询师可以在这个平台上帮助到更多需要帮助的人，这是我的心愿。所以，虽然很辛苦，但这是我选择的，我也很喜欢，我选择的就要坚持把它做下去。"

那时起我好像懂得了坚持不只是一种能力，更是一种选择、是一种责任。坚持是我们愿意为了自己的选择去付出、去承担、去投入的一种努力。也是一种愿意为了别人去承担的付出。归根结底，这个坚持下去的动力其实就是爱！

弗洛伊德早就说过，人类能够生存下去的两大动力，其中之一就是爱。爱让我们充满了生命力。因为自爱，我们会珍惜自己的内心，愿意满足自己内心的渴望，这是我们不断追逐、不断向前的动力；因为有对这个世界、对别人的爱，所以愿意付出，这也是我们不断努力的动力；因为拥有别人对我们的爱，让一个人感受到了支持、温暖，有力量继续前行，所以我们能够坚持。从这个意义上来讲，其实我们每个人都可以做到坚持，而这个坚持下去的动力就是爱！

有的人因为内心有深爱的梦想，日复一日单调的工作成为了生活中最快乐的时光。

有的人因为内心深爱着妻子儿女，甘愿忍受艰苦辛劳的工作，只为多一些收入。

一个母亲可以为了孩子早上吃一顿饱饭，数年如一日的早起，把爱融在了一顿顿普通的早餐里。

一个孩子也可以因为对父母的爱，在面对枯燥的学习时坚持下去。

这些都是因为爱！

正是有了这样的理解之后，我似乎也慢慢变成了一个可以去坚持的人。

在写这本书的过程中，我也感受到了困难，时间的紧张、工作生活的繁忙、担心自己不能够像专业作家那样文思泉涌、落笔生花的压力，这些都让我不时产生了想要逃避的感受。但现在我却坚定地坐在这里，缓缓地用键盘敲击下每一个字。因为在这个过程中，我深刻地感受到了同伴的支持、马老师的信任以及自己对心理学深深地热爱，这些都让我愿意为之而努力，一点一点地克服困难。而我也相信坚持是成长的一部分，即便是那些名作家，他们的每一篇作品写就时，也必不都是灵感迸发的时刻，而是坚持写作、不断修改的结果，而这也是我们每个人只要努力，便都可以做到的，这本身就是一个成长的重要过程。

所以，坚持是一种责任、坚持是一种承担、坚持是一种成长、更是一种爱的流淌，坚持把我们带向未来、带向希望、带向奇迹！

杨莉

唯有面对，才能解决焦虑和压力

亲们，早上好！

今天，开启愉快的工作模式！

今天，自己坚持锻炼的第214天！时间30分钟，4公里运动！

今天，迎着朝霞听着鸟语，开启更好的一天！

今天，分享一下：

面对内心深处真实的自己，有了焦虑和压力，就要面对和解决。

关键是要最先来有效地认识和认知ta，而非回避和逃避，一再地回到自己熟悉的安全窝模式，一再地回到内心的舒适区模式！

一起来面对自己，认识自己，从今天当下的事情做起，做好！

● 燕园心理：马泽中

芊芊心解　如何面对自己的焦虑和压力

我是一个容易焦虑的人。

这不，前两天，我和老公去爬山，就深刻面对和体验了一次焦虑是如何一点点袭击了我，我又是如何运用我最近习得的觉知力化解了焦虑，避免了一场可能的争吵的！

周日16点，我们开始爬山。红叶正红得当季，我们沿着步道前行，照相、逗狗、聊天、赏红叶，我甚至捡起了两片红叶插在帽子上。十分放松愉悦的状态，对不对。

初秋的北京，太阳落山比较早。17点多，天渐渐黑了。我不自觉地开始发问，“你记得回去的路吗？”“你来过这里吗？”“这条路通向哪里呀？”这表明，此刻的我已经开始警觉了，因为我的潜台词是“我们能安全返回吗？”

老公没懂我的潜台词，一一按字面意思回答了我。他回答的很好、很耐心。

我不死心，又进一步询问“我们要走到哪里去呀？”“我们还要往前走吗？”“我们返回吧！”

这时，我内心里有非常强烈的不安，我想把帽子上的两片红叶揪下来，扔了，仿佛揪下代表放松的两片红叶，我就能进入战斗状态，随时准备好战斗或逃跑。

我意识到我的这个念头，但我无法控制不揪下帽子上的红叶。

我揪下了帽子上的两片红叶，扔了。

我意识到我的紧张，我不知道我为何紧张，但这紧张就这样悄无声息地来了。

我稳了稳神，调动我的觉知力来接替以往可能直接掉入的恐惧中。

我让这紧张继续，我看着它，观察着自己。

我发现：我开始左顾右盼，没法放松、愉快、毫无压力地行走，先前的美景在此刻充满紧张感的我的眼里变成了危机的潜伏地。

我想要追上老公，想要靠近他，我的身体也开始紧绷和紧缩。

我毫无觉知地进入紧张状态，随时准备战斗或逃跑！

恐惧感牢牢地抓住了我！

还好，觉知力在提醒我，我知道此刻的我并没有实际的危险。

我是从哪一刻开始进入到现在的这种紧张状态呢？
“白天我是不怕的！”
“有老公在，我也是不怕的！”
“现在，老公在，但天黑了，我怕了。”
“那么，我是害怕天黑吗？”
“天黑了会怎么样？”
“天黑了我会担心回不了家，回不了家我会觉得很不安全！”
“对，我想立刻跑回家！”
写下这句话，我满眼是泪，仿佛一个小孩子终于被理解了的感受！
原来如此！
我怕天黑了迷路了回不了家！
我忽然明白我的这种焦虑的来源了！

明白了焦虑的来源，我就慢慢放松了！

焦虑，其实每个人都有，差别只在于：让你我他焦虑的情景不一样，每个人应对焦虑的方法也不一样。

在意识层面，有的人不承认自己的焦虑；大多数人感受不到自己的焦虑；只有少部分人会去面对焦虑、面对焦虑背后的深层原因。

在潜意识层面，每个人都有自己缓解焦虑的方式！

愤怒、批评、指责、抱怨、极其努力地工作、不停地诉说、抽烟、酗酒、嗑药、运动、瑜伽、读书等，都是缓解焦虑的方式。

这些方式中，有些会伤害别人，尤其是会伤害自己最亲密的人，有些会伤害自己，有些对自己对别人都有益，是我们提倡的方式。

每个焦虑都带着使命而来，每个焦虑的背后都藏着一个渴望被看见的情绪体验和需求。对焦虑，唯有认知、了解、体验、面对，才能终止自动化的反应，才能最终转化，释放被锁在焦虑里的能量！

上面的例子中，如果我没有觉知能力，我可能瞬间就被焦虑裹挟，被焦虑背后的恐惧感控制，发疯似的要求立刻转身回家。

然而，天黑这个场景不会对老公有任何影响，我如此激烈的情绪反应在他看来，实在太莫名其妙了，最终，开心的游玩会因我的焦虑被破坏，而类似的场景以后还会重现！

正是因为我面对了我的焦虑，看到了焦虑背后的恐惧，我才没有被完全拉回到过去的恐惧情绪里，而他也完全不知道我内心发生过的这场斗争！

一场可能由焦虑引发的争吵就此被化解，并且，未来这焦虑再也不会以如此强烈的方式出现了！因为它的使命终于被我看见了！被看见了，它就满意了，就离开了！

当焦虑袭来，唯有面对它、看见它、懂了它，被它束缚的能量才能得到释放，我们才能回归到当下的生活！

程语

用行动疗愈心灵

亲们，早安！问候你！

今天，周一，新的一周又开始了！我已经出发啦！

今天，心动是心灵的药引子，行动是心灵的百解药！

春天是万物复苏生长的季节，也更是我们心灵易患"感冒"的季节，此时，行动起来，积极的行动才是心灵疗愈的百解药！

今天，爱自己，新的一周，就用行动疗愈自己！用能力来康复自己！

春天来了，行动起来！

今天，行动起来！自己继续坚持锻炼的第319天！坚持锻炼时间28分钟，慢跑3.1公里！

● 燕园心理：马泽中

芊芊心解　用行动驱散纠结的阴霾

很多时候我们不能行动，是因为没有清晰的目标就不能开始。

很多时候我们无法坚持，是因为不看到明确的结果，就没有坚持的动力。

很多时候我们害怕付出，似乎害怕自己付出后没有收获，一切就没有了意义。

就在这样的犹犹豫豫、纠纠结结中，时光不断流逝，机会不断错过。

其实，哪有什么一开始就确定无疑的目标？

目标都是在行动的过程中越来越清晰、越来越确定、越来越真实、越来越成为一个真正的目标的。

哪有什么明确的结果？

人生最大的精彩就在于充满着无限的可能性，不确定给人带来惶恐，但同样带来机会，阻碍人们前行的只不过是对不确定的恐惧，但这种不确定来自未来，没有任何人可以在今天就判断出明天的结局。

未来不可预期，结局不可判定，但明天却可以根据今天的生活来预估。正是今天的每一个努力，写下了明天成功的可能性；正是今天的每一个努力，才能让我们对未来更加确信。

就怕担心的是明天，后悔的是昨天，却错过了今天，把握好每一个当下、努力做好每一个当下就好！

只问耕耘、无问西东，用踏实的行动驱散纠结的阴霾！

杨莉

变化、发展、进步

亲，问候早安！新的一周开始啦！

今天，北京，天气有变化，改为室内运动+锻炼！

今天，自己坚持锻炼的第201天，时间40分钟，健身器有氧运动！

健身的感受：做个冥想，感受一下蓝天和海滩……

今天，与你一起分享：

看到变化中的发展，也更要看到发展中的变化。

我们一起在变化的过程中，不断追寻进步和发展的变化……

最好的变化就是拥抱变化！

看见自己坚持中一点一点地变化，都在向好的、积极的方向变化……

今天，开启新的一周！

为未来的日子做储备、做运动、做积累！一起来吧！

● 燕园心理：马泽中

芊芊心解　人，是不可以被定义的

人是不可以被定义的，这是因为，人一直处在变化中。

我最初听到这句话，就被深深地震撼和打动了。

一个在咨询室里诉说自己情感困惑的人，其工作能力可能非常强。这时，你无法用咨询室中的那个他来定义工作中的那个他，反之亦然。

一个在社交场合寡言少语的人，很可能在志同道合的朋友面前，或在自己熟识的领域里，侃侃而谈。这时，你就无法用社交场合的他来定义工作领域的他，反之亦然。

一个工作环境中的好同事、好上司、好下属，可能恰恰是孩子眼中的坏父母。这时，你无法用同事眼中的他来代替孩子眼中的他，反之亦然。

你去看望上大学的孩子，他像主人一样带你游览学校，告诉你他常在哪里做什么事，可能，等他回了家，他就是那个饭来张口衣来伸手的宝宝。这时，你能用他在家里的慵懒去定义他在学习中的主动吗？反之亦然。

凡此种种，不胜枚举。

你看，你刚刚给他贴上了一个标签，一转身，这标签便失效了。

假如人有360个维度，那他便有360个标签，而你在某一刻只看到了他360个维度中的一个维度。如果你只执着于这一个维度，那你就很难发现他的其他359个维度。

一个有回看自己能力的人，很有可能，他会改进自己的某些维度，甚至发展出一些新的维度。

今天晚上，当老公叫我给他切点酱牛肉时，我刚想说“刚才问你要不要吃，你说不吃，现在又要吃，我还得再去洗一遍手再切给你”时，我意识到我又习惯性地开启抱怨模式了：我不是不想去切，而是不想再洗一遍手。于是，我闭了嘴，洗了手，去切酱牛肉，并端给他。

上周日，我因脚骨折不能动，而让女儿帮我带一些书回来。我边给她列书单边兴高采烈地跟她叨叨我想看这本书的原因、我又想“get”哪些新技能，兴奋之情溢于言表。女儿竟然淡定地鼓励我：“好，技不压人，多学点”，仿佛我是需要鼓励的孩子，而她是早已洞悉一切的妈妈，我不由对她刮目相看，对我老来还孜孜以求突破自己而点赞。

你看，我在我原有的维度上不停地增加新的维度，女儿也在不经意间更新发展了她的维度，我们对彼此的认知，我们曾经发给对方的标签，都悄然失效了！

当我不断理解了“人是不可以被定义的”时，我就愈发不敢对别人妄加评论。因为我知道，此刻的他呈现在我面前的只是360个维度中的一个维度，还有那我不知道的359个维度，以及，随时可能发展出来的第361个维度、第362个度。我对他的认识如此粗浅，我怎敢评判他！

有了这样的信念，我也愈发信任我的女儿，信任我最爱的那些人。我知道，他们有无限的可能，而我只看到了其中的一点点，我不可以用我看到的这一点点去框定一个活生生的、流动的人。

程语

每一次的努力都值得

今天，北师大录制心理视频微课，高效率，一个上午录制8堂心理微课！

心理传道的道路上，相信自己每一次的付出和努力都是值得的！

今天做的一切努力都是为了明天的美丽，所以不要轻易放弃。

很多人一生最遗憾的，莫过于轻易地放弃了不该放弃的，很多时候也过多固执地坚持了不该坚持的。

或许，自己奋斗的青春是一场大雨，即使淋透了，也还盼回头再淋一次。

今天，自己努力和奋斗过了，那过去的就让它过去吧！

其实，工作和生活也本来无须完美，尽心尽力了，那就坦然面对这一切结果，虽然我们自己活不到超然物外，但是也不必格外在意当下的结果！

若是经历了，还是需要面对放弃，那就给自己一点勇气，那就淡淡定定地告诉自己，花谢花还开，该来的总会来，该去的总会去。

自己人生前行的过程中，不是每一份情感都能走向永恒。

不完美的缺憾，才是真正的完美，才是一种常态，才是理应坦然面对的存在。

● 燕园心理：马泽中

芊芊心解 坚持的路上，看见自己

生活的道路上坚持是非常重要的，从学习到工作、从事业到生活，没有任何事情是一帆风顺的，都需要我们有足够的耐心、坚持的品质，才能够克服困难、到达终途。

这是人人期望的，但为什么坚持对有的人来说非常困难呢？

一、无法坚持源于过分追求完美，把过程中一些正常的瑕疵和曲折定义为失败，因而放弃。久而久之，就觉得自己是一个无法坚持的人。

心理学上有一句话叫把人和事分开。

坚持其实对所有人来说都是一件不容易的事情，都需要我们付出很大的努力，也会经历很多的反复和曲折。比如，我们都可能在健身的过程中有过因为偷懒而中断几天的做法，很多孩子都会出现并不能每天如一日的去坚持某项学习的情况。但当出现这些状况时，每个人的心理状态却是不同的。

一个特别追求完美的人，会在实际的完成情况和自己最初的设想有些许差距的时候，就觉得这是种失败，没有再坚持下去的意义了，就会选择放弃。因为对他们而言，无法达到心中预期的标准，就意味着这件事情很糟糕，会带来很多灾难性的后果。

或许是觉得这就像一个已经被毁掉的作品，再怎么努力也不可能符合他内心中那个对完美的期许，所以没有存在的意义了。或者是把事情和人混在一起，觉得这件事没做好，就意味着我这个人是很糟糕的，无法接受心中那种被挫败、被打击、被否定的感觉，因而要赶紧把这件事情结束，好让自己逃离开这种痛苦的感受。这些内心无法消除的感受，都会让人产生放弃的举动。

这种追求完美的情况，我们在生活中经常可以看到。比如，一个孩子做作业时，可能就是一个字写错了，就要一次一次的撕掉重来。这时家长告诉他：“你可以把错的划掉继续往下写。”但他却会说：“那样就太难看了。”所以一旦出现错误就要撕掉一页，这样极大地延长了做作业的时间，也会让他写作业的过程变得非常的焦虑，害怕出一点错误。这个过程就变成了一个非常痛苦而耗能的过程。时间长了，这个孩子可能就会厌恶写作业、一提写作业就逃避、拖延，很难逐步形成一个主动、坚持的品质，极大地影响他今后的发展，而问题就在于过度追求完美。

还有人会把中间出现的一些小的中断过程看成是不可接受的，觉得只要一开始，就必须一直坚持下去，如果出现中断过程，就说明自己又失败了，就会轻易把自己定义为一个不能坚持的人。在今后再需要坚持的时候，这种自我暗示就会首先启动，认为自己坚持不下去的感觉就会不断地重复，直到放弃，再次印证自己就是一个没有毅力、不能坚持的人。

总之，这种绝对化的思维、过分地追求完美，都是把自己放在了一个自恋的位置上。在幻想的层面中，自己是无所不能的，可以把事情做的像神一样完美，所以对自己提出了极高的要求；但一旦遭遇到一点点挫折，这个幻想就被打破了，就会觉得内心痛苦不堪，无法继续坚持下去。

这就需要我们不断地看到自己，不断地自我接纳、自我认可。不仅看到事情的结果，更要看到自己努力的过程；不把自己当成神，而是看到自己就是一个普通人，普通人遭遇的挫折自己都会经历，普通人的无助、无力自己都会有，自己不需要做得那么完美。这种对自我的接纳、认可会让我们可以面对挫折、继续走下去。

二、无法坚持源于这不是我真实的需求。

还有一种无法坚持下去的情况就是做的事情不是本人愿意去做的，而是迫于某种压力不得不做的，这时就会用一种消极抵抗的方式表现出来，最典型的就是拖延、三天打鱼两天晒网，无法坚持。

这种情况最容易在亲子互动中看到。

大家都知道我们中国是一个钢琴王国，据数据统计中国现在大约有7000万的琴童，比英国整个国家的人口还要多。但实际上很多孩子是不愿意去练钢琴的，只是无法违背父母的意愿。在这些父母中，只有很少一部分是因为孩子有音乐天赋而希望孩子走专业道路；非常多的一部分是希望孩子能把钢琴作为某项特长，成为今后竞争的某个优势；还有相当多一部分则认为就是因为钢琴是个很难练的、很难坚持的事情，所以希望孩子通过练习钢琴来锻炼出某种意志力。

父母的这种初衷当然是好的，也确实有的孩子通过在练习钢琴的过程中不断的经历挫折、超越困难，培养出了坚持的意志品质。但却也有相当多的一部分孩子处于想反抗，但又迫于父母的压力不能反抗的境遇中，就产生了很大的情绪冲突，拖延、消极怠工。逼得紧就练，不逼就不练，三天打鱼两天晒网。这种不能坚持就是因为这不是自己内心真正的需求。

但我们知道孩子和父母之间的沟通就是一个不断内化和认同的过程。这种从小被强迫惯了的孩子，慢慢可能就认同了父母对自己的要求，在长大后就变成了父母已经不强迫自己了，但内心开始自己强迫自己，而内心另一部分又感觉这不是自己真正想要的，内心就会产生冲突。

这就需要我们在碰到自己不能坚持的情况时，不妨问问自己："这次又是什么原因让我坚持不下去呢？这是我内心真正想要的吗？"也许很多时候，不能坚持只是内心冲突的体现。

三、无法坚持还源于依赖于得到别人的认可。

还有一种情况也是我们在生活中常见的。一开始发现这个人兴致盎然、干劲十足，但过了一阵却突然发现他偃旗息鼓、消失不见了，好像他经常会这样的虎头蛇

尾，给人一种不能坚持的感觉。

这种情况经常出现在不断需要别人给予认可、支持、鼓励的人身上。这种人往往不缺能力，干活也非常利索，但却好像缺乏某种来自内部的能量支撑，总是需要得到外界的认可才能有坚持下去的动力，比如父母的夸奖、领导的认可等。如果一旦失去这些东西，就像是缺了油的车，渐渐熄火了，所以很难坚持下去。

为什么会出现这种情况呢?

就是因为其实我们每个人做事情的动力可以来自两个方面：自我的认可、接纳和来自外界的认可、鼓励。有这种需求的人可能更像没有断奶的婴儿，时刻需要别人的认可，就像需要妈妈那温暖的乳汁流入他的口中，才能让他有力量生龙活虎。

也可能是因为从小受到的父母的评判、否定非常的多，就一生都在追求父母的认可。只要父母认可，就很自信，就可以把事情做得很好，但如果没有得到认可，就会很受打击，无法相信自己，也无法把事情坚持下去。

这些人长大后，这种感觉就会被移情到自己的生活中，时刻期待着别人的看见和认可。他们不懂得其实最大的认可来自自己对自己的认可，最大的鼓励来自自己对自己的鼓励。

面对这样的情况，我们该怎么办呢?

也许我们需要停下来看一看，自己是不是又在渴望别人的认可呢? 如果是，就要练习在今后的生活中，多给自己一些认可，多给自己一些鼓励，多看见自己的不容易和努力。其实我们自己才是自己最大的力量源泉。

发现原因固然重要，但切实的行动更加重要。这也需要我们逐渐辨识出自己的模式，不轻易地被这种感觉所干扰，给自己制定出相应的行动计划，用行动来增加对自己的确定感，增强自信。

所以，坚持确实没有那么容易，需要我们不断地付出努力，还要经历很多内心的挑战；坚持却也没有那么难，只要我们相信，随时都有可以重新来过的机会。只需要每天坚持行动一点点就可以，更重要的是，需要我们自己看见自己的努力，不断地为自己加油!

杨莉

突破自我设限

亲们，早上好！问候你好！

今天，把一个苹果送给早起的自己！

今天，自己坚持锻炼的第205天，时间40分钟，5公里运动！

今天，与你一起分享：

突破自我设限！

在工作和生活中，对于自己没有做过的事情，先在内心抱着好奇心积极地去尝试，你就会发现，其实事情没有你想象的难么困难，自己也没有自己感受的那么差和弱，做的过程中，会觉得事情还是可以做好的，自己的能力还是有的！

这就是突破自我设限。

其实，自信心就是这样来源于每一次在能力突破中的进步和成长！

一起来拓展能力，拓展生命宽度和深度，这也就是在拓宽自己生命的丰富性！

● 燕园心理：马泽中

芊芊心解　自我设限，是你给自己的人生画的一个最大的牢笼

过去，我认为那么多人抽奖，怎么可能轮到我，因此，我从来没有被抽中过奖。

过去，我认为活着就是要努力工作，不能浪费一丁点时间，因此，我过得很辛苦。

过去，我认为只要我做个好孩子，我就会被爱，因此，我一直是个好孩子、好学生、好员工，可仍然没人爱我。

过去，我认为只要我满足了别人的需求，别人也会满足我的需求，可事实却打了我的脸。

过去，我认为自己五音不全，因此，我从不敢尝试去歌唱。

过去，我认为自己没有运动天赋，因此，我与运动绝缘。

过去，我认为我要是喜欢一个人，必须首先变得和她一样好，我才有资格喜欢她，因此，我错失时机。

类似这样的“我以为……”有很多。

这样的“我以为……”是自己给自己筑了一道墙，画了一个圈。这道墙、这个圈，把自己和广阔的世界隔开了，把火热生活的可能性切掉了，把多姿多彩的丰富人生变成了黑白两色。而我就活在这个“我以为”的圈中。

这个圈需要被打破！

然而，打破谈何容易！且不说，自己花了那么多年好不容易筑就的铜墙铁壁，岂能说打破就打破，只是“打破了圈又会遇见什么？圈的外边有没有藏着魔鬼？”这样的吓人问题就能让自己老老实实，不敢越出圈外一步！

其实，最关键的是，那时的我并不知道这个圈圈的存在，打破就更无从谈起。

这个圈圈，有时被称做“思维的墙”，有时被唤做“核心信念”，有时被叫做“自我设限”，不管叫什么，它通常在我们的意识之外，却时时体现在我们的言谈中，通过行动表达出来，而自己最终在圈圈里过了一辈子，永远无缘见到圈圈之外的生活。

在遇见燕园心理马泽中老师之前，我就在圈圈内乏味地、辛苦地、痛苦地活

着，总也走不出自己划定的圈圈。在这之后，我一点一点地看见了这些圈。我开始在圈上破洞、成口，拆了一个又一个的圈。于是，我的生活发生了一些变化。

几年前，我参加一个行业培训，我和清华大学的同行同住一室，在活动的抽奖环节，我想："我们俩的学校是邻居，我们又同住一屋，要是我俩都能被抽到二等奖，可就太圆满了！"这个想法轻轻飘过之后，我就又全情投入现场氛围，拍手、开心。忽然，我听到我的名字，我又听到她的名字，我们俩果真同被抽到了二等奖，真是太好了、太让人开心了。也许，这就叫改变了内心信念吧，我觉得"我值得拥有"，我清晰明确地发出了我的请求，我的请求被接收被实现。

现在，我仍然努力，仍然不愿浪费时间，但我愿意去尝试去体会那些在别人眼中是享受而在我眼中是浪费时间的事情。这也是在尝试改变内心信念、重建内心信念系统吧。

现在，我不想去做什么"好"孩子了，我只想做个"坏"孩子，把自己让出的地盘统统都抢回来，自己想怎样活就怎样活。我发现，"好"孩子没得到的爱，"坏"孩子替她得到了。

现在，我再也不去急呼呼地满足别人的需求，我按捺住自己逞能的欲望，只管好自己的事，只满足自己的需求。我发现，生活一下子轻松多了，那些过去用来满足别人需求的时间都被我用学习新知识、新鲜事物替代了，生活充满了充实和满足。

现在，我不仅对欣赏昆曲兴趣十足，我还开始学习演唱一首完整的歌曲，居然，在学了几首之后发现了很多门道呢。

现在，我要挑战"没有运动天赋"这个标签，我相信，这标签当年的某些保护功能早已完成，到了撕掉它的时候了。

人生苦短，遇到自己欣赏的人的机会不多，遇到了就要说喜欢。

我真的遇到了一些美好的人美好的事。哎，真是好开心呀！

打破了圈圈，我真的不知道我还能遇到什么！

无限可能！

我很期待！

我很开心！

有好多爱在我心里，它们想流出来。

◎ 程语

你好呀，困难

亲爱的，上午好，拱北口岸！海滨跑步甚好！

今天，自己坚持锻炼的第290天！挑战一下自己吧，坚持锻炼时间90分钟，快走7.6公里！

今天，看见自己：

面对自己的问题和困惑，换个角度，换个方式，换个地方，从自己更多地拥有什么资源和关系来整合解决，也更要有扩展自己内在的想法和智慧，来深入地解决！

或许，自己的问题、困惑、困难等从来都是自己生命成长的动力！

只是，我们人生的过程，不知道我们在什么时间、什么地方、以什么方式，来体验和经历我们自己的成长！

那么，我们至少可以更好地以内在和外在结合的方式，来成长自己！

● 燕园心理：马泽中

芊芊心解　这么痛，为什么不改变

这是洁第n次在我们聚会时诉说起她的生活有多么辛苦。她的工作很忙，公公婆婆却很冷漠不帮助她；老公眼中从来没有活，总是无视她的付出，还不停地制造出新的活，比如，她这边刚辛辛苦苦的把家收拾整齐、打扫干净，那边老公和孩子就把衣服、玩具随便乱扔；孩子有多么的能缠她，以至于一碰到问题就在呼喊妈妈，她只能像只陀螺一样，每天飞速地旋转着……

这种一地鸡毛的生活似乎已经困扰了她很久，每次这些也成了我们聚会必谈的话题。最初，姐妹们还热情地问东问西，七嘴八舌地帮她出主意，什么找保姆、训练老公让他承担起家庭的责任，把一些活让孩子独立完成等……但后来却发现，洁似乎并没有要去改变的欲望，因为那么多的方法，都被她一一否定，似乎没有一个可以解决掉她的困难。于是，大家不再作声。

是呀，生活中洁这样的人并不少见，他们不断地诉说着自己的痛苦，但却不愿尝试去做一些改变来减轻自己的痛苦，这是为什么呢？

一、也许真实的生活并没有像他说的那么痛苦。

心理学中有一句话叫谁痛苦谁改变。当一个人不断诉说自己很痛苦，但却并没有采取任何行动去做出改变时，也许我们可以假设其实他的诉说中是有夸大成分的，至少还没有达到让他痛苦到不能承受的地步，所以自然也还没有到达想要去改变的时机。

二、不改变可能是因为从中受益。

我们每个人都有不同的成长经历，不同的经历造就了不同的应对生活的模式。

对于很多人来说，持续抱怨是他们控制关系的一种重要方式，可以从中受益。不断地诉说对方对自己造成的伤害有时会带给一个人很大的快感，释放了内心的攻击和不满；有时也可以带来一些情感上的满足，比如被人看见，得到别人的同情和安慰等；或者可以拥有指责对方、控制关系的理由。所以，很多人虽然痛，但会选择让问题持续。

当然这并不是他们主动的、愿意的选择，也并非完全看不到这种方式带给自己的伤害，但这可能却是他们曾经存活下来的最重要的方式，所以这个方式慢慢变成了生活模式。

这种模式的形成最初可能缘于生活中受到了一些伤害却没有办法用恰当的方式进行抗争，只能被迫选择了一种扭曲的方式来应对生活。这种方式在当时可能为他带来了某种好处，是他最擅长使用的一种方式，但在慢慢发展过程中，却越来越不合时宜。

比如，安就有这样的一个特点。很多人都害怕和她接触。因为她似乎总是在不断向人抱怨，散播着无穷无尽的负能量，让人承接不起。同时安在和人的互动中，总会让人产生一种自己需要小心翼翼，否则一不小心就会伤害到安的感觉。每当这个时候，安就会很无辜的诉说自己有多么可怜、多么害怕，多么想要讨好每一个人，只求大家不要伤害她。但她还是会经常受伤、非常痛苦，这时就好像全是别人的错，是别人伤害了她。这会让对方有时觉得自己就像一个罪人，产生一种负罪感，同时又有一种被诬陷的感觉。所以，很多人对她避之不及，这又加重了她的痛苦感。

这样的一种方式，并不是安愿意看见的。而是因为在安的成长过程中，父亲是一个非常强硬的人，说一不二，而妈妈则像一个隐形人一样，只是服从父亲的命令。这样家庭中的孩子，会深切地感受到父母的压制，很痛苦却很难反抗，因为反抗会带来更严重的打压。安就亲眼看见因为一件很小的事，哥哥不愿听从爸爸的安排，就被打得鼻子流血，这让她内心非常恐惧，再也不敢正面反抗爸爸，只能压抑自己的情绪，把自己放在一个弱小的、讨好的位置上，以获得父母更多的宠爱。这样，弱小的安和倔强的哥哥就形成了两种完全不同的应对家庭的方式，而显然经常表现受伤的安得到了家庭更多的照顾，但也使她形成了自己很弱小、经常受伤害、需要不断诉苦才能得到爱的自我认知。

所以，诉说、抱怨有时是具有很强的功能的，可以减少强者对自己的攻击，形成一种自我保护。也可以激发对方产生内疚或者是同情的情感，给自己一定的呵护。这样的方式如果起作用，就会成为一个可以受益的方式，被持续使用下来，在今后成为他们和别人互动的方式。

当然他们虽然看似顺从了生活的安排，但是从来没有放弃内心的不满，于是会不断地通过让自己活在痛苦中，才能把这种错误记录下来，好让自己有机会可以去改变。同时这也给了自己一个可以攻击对方的理由，告诉他："我的痛全是你造成的，全是你的错，我不爽，也不能让你轻易逃脱。"

但他们却忽视了，这种模式虽然有一定的好处，却是以不让自己舒服为前提的，因为自己一旦舒服了，就没有再诱惑对方呵护同情自己，或是指责对方的权利了。所以，为了能够在这个关系上拥有这样的控制力，他们也会不断地保持这样一种痛苦的方式不去改变。

再比如洁，她虽然在不断地诉说着自己的烦闷，但却也享受着丈夫和孩子对她的依赖，在她的心中，她是这个家庭中不可或缺的人。公婆的冷漠代表着他们在这个家没有发言权；老公和孩子的不独立，正好印证了他们对自己的依赖和需要。而这恰恰满足了她从小因为被父母忽视而缺乏的安全感，让她觉得老公和孩子离开她是不行的，满足了她对关系的一种掌控。同时在这样的付出中，洁也不断地追求着她希望自己可以被看见、自己很重要的这样一个心理需求。只不过如果她不能及时觉察，做出一定的调整，他们的关系最终也会被破坏！

三、不愿改变还有可能是无法突破惯性。

当然，也有很多人是愿意去做出改变的，但过往的模式太过熟悉，往往会形成强大的惯性，阻碍新模式的形成。而我们也天然的会有一种对惯性的依赖，因为熟悉的东西会让人更有安全感，而不熟悉的东西，即便它其实可能是好的，但却因为不熟悉、不确定而让人心生恐惧。所以，改变的过程不是一蹴而就的，可能会伴有很多的怀疑、纠结、犹豫，需要一点一点慢慢地形成，新模式也需要刻意去培养。

比如，琳就是这样一个逐渐建立起新模式，活出新生活的女性。她在最初和老公产生矛盾时，也是不断地采用让自己痛苦的方式希望唤起老公的内疚和看见。那时，一旦发生冲突，她就会像一个孩子一样不吃东西、躺在床上生闷气，希望老公来哄她。但每当这个时候，老公反而害怕她又指责自己，赶紧找各种理由逃跑了，这让琳痛不欲生。在咨询中，琳逐步认识到自己的模式，开始不再把情感的需求都放在老公身上，也不再用这种自虐的方式来索取爱。她开始报了自己最喜欢的舞蹈班，一周去跳三次舞，让自己有快乐的源泉；她也开始在生气时，尝试着用冷静的态度跟老公诉说自己的感受，而不是期望他来猜、来哄；她还在活动中认识了很多新朋友，和大家经常做一些沟通，也学会了很多的亲密关系处理的新方法。

但改变的路并不是那么顺畅的，充满了反复和挫折。很多次，她还是会一不小心滑回到旧有的模式中。渴望老公能来主动哄她，为此大吵大闹，很多次她还是觉得自己没有快乐的能力，想要依赖别人……但就是在这样的反复中的不断坚持，后退一些，又前进一些的过程中，琳终于慢慢打破了过往的单一的旧模式，过上了新生活。

在这样的改变过程中，老公也看到了琳的变化，反而觉得和她相处越来越轻松，也对琳坚持自我成长的努力非常敬佩，更加愿意和她在一起。而琳也变的越来越独立、越来越自信。用她的话来说，她现在相信每个人都有照顾好自己的能力，每个人也都有照顾好自己的义务，任何时候都不要忘了，让自己舒服了，才能给别人更多的爱。

生活就是这样，每个人都有自己不同的选择。有的人选择了改变，有的人选择了继续，没有对错，只有更适合自己的生活选择。只是，在很痛的时候，也许意味着之前的模式已经无效了，这时可能意味着一个新的机会，让我们可以来重新审视一下自己的生活，找出一些不同的应对方式，让自己的生活变得更加丰富、更加多彩一些。毕竟，漫步人生如行走江湖，如果只怀揣一样武器，必定步步艰难；但若身怀十八般武艺，自可应付自如了。

杨莉

今天，才是当下

亲们，早安！今天上班吗？

今天，我照常工作，心理咨询工作的职业特征，工作愉快！

今天，自己坚持锻炼的第207天！时间30分钟，4公里运动！下一个小小的目标：再锻炼100天！

今天，与你一起分享：

昨天，无论你过得开心或是不开心，都已经过去了！

今天，才是当下。

那就以积极平和的心态，面对今天的工作和生活，拥有此时此刻的生活，拥有活在当下的自己！

或许，一切都还来得及，都还有机会，拥有一样的太阳与希望！

● 燕园心理：马泽中

芊芊心解　活在当下是一种怎样的体验

以前，我活在过去和未来。我的脑子时刻都在高速运转，要么为过去懊恼，要么为未来担忧，或愤怒、或抱怨、或委屈、或奋进，唯独没有享受过此时此刻。

在燕园心理马泽中博士的团体心理动力成长小组中，我开始听说“当下”“活好当下”“当下才是最能把握的”之类的语句。

可什么是当下，怎样活才算活在当下呢？

有一次，马老师带领小组学员体验大自然。在安静的溪流边，有个学员带领大家做正念练习。谈到正念自然会谈到活在当下。我问：“到底什么是当下呢？”马老师就地取材，指着溪水里游动的鱼说：“看着这条鱼，如果你想的是，不知道这条鱼是从哪里游来的，路上经历了多少艰难险阻，好辛苦啊，好孤独呀，都没人陪它，那你就没有活在当下；如果你看到的是它一会游动，一会静止，一会吐泡泡，那你就活在了当下。”

我似懂非懂，但这比喻我记住了。

无独有偶，11月的一天单位组织员工去奥林匹克公园健步走。公园的河里有几只鸭子在游泳，一个同事说："鸭子真可怜，这么冷的天还要在水里游，多冷啊，真可怜啊！我看着都冷。"想到上面的那个比喻，我突然就明白了什么叫做活在当下了！

比如，此刻，鸭子在水面上游弋觅食玩耍，做一个鸭子该做的事，应该是开心的。常识告诉我们，鸭子的生理结构有助于御寒。同事虽然知道这点，但此刻，她正处在寒风中，感觉很冷，她就把自己冷的感觉投射到了鸭子身上，觉得鸭子很冷。这一刻，她活在了被鸭子冷唤起的自己冷的感受中。

于是，我慢慢学习把焦点收回到当下。

当忙碌到我忽视了自己而有点烦躁时，我试着接纳忙碌，告诉自己：忙碌是我生命的一部分。

当我不情愿遛狗又不得不遛时，我就试着享受遛狗的时光，或天马行空，或任思绪飘扬，或关注狗宝宝。

当我不想做饭又不得不做时，我尽量把关注点聚焦到做饭的感受上。

当我又想狼吞虎咽时，我忽然想起要享受每口饭，于是自我调整，体会每口饭咀嚼30次的感受。

我仍然做不到时刻活在当下，但我开始不那么着急、不那么焦躁了！

快迟到了，我放下焦躁的心，告诉自己："别着急，急也没用，着急可能会引发更大的麻烦，还会影响自己心情，伤害健康，这不好，记得下次早点出来哦。"这时，非但不会去转嫁焦虑，反而会获得很多力量。

有时，不做也是一种做，也许比做更有意义、更有价值。

什么也不做时，也许你才能真正发现美，发现生活之美，生命之美，人之美……

如果你能专注于当下，不被过去或未来牵着走，你就能活在当下、拥有此刻的美。

◎ 程语

内心有冲突，外在不坚定

亲们，早安！开启更好的一天！

今天，工作愉快！

今天，自己坚持锻炼的第208天！时间30分钟，4公里运动！体验和感受冬天早晨的清冷！

今天，与你一起分享：

内在的冲突和不一致性，内在的整合和一致性！

当自己内心不确定时，就会向外寻求确认，此时，外在的ta感受到的其实是你的不确认感，ta反馈给你的也仍是你的不确认感，你自己收到的也就是再次的不确认感！

若是想从对方得到确认，获得自己想要的，自己就要先做个内心确认和坚定的人！

• 燕园心理：马泽中

芊芊心解　你笃定，你的世界就笃定

先讲一个发生在燕园心理马泽中博士团体心理动力成长小组中的情景吧。

马老师给出指导语：接下来分组讨论，先说说你想和谁一组，原因是什么？

对这句话，每个人都有自己不同的理解，而这理解直接指导每个人的行动。

我对这句话的理解是这样的。

第一步：大家毫无约束地、自由地明确表达自己的意愿：想和谁一组，原因是什么。

这个表达不受任何人的任何选择的影响。比如，最初你想和A一组，而A想和B一组，B又想和C一组，这时，A第一个表达，B不能因为被A选择而放弃自己原先的选择转而和A达成一致，以至于她真实的想法和原因永远没有机会被听见，你也不能因为A和B达成了一致，而放弃争取A的机会。

这是每个人自由意志呈现的时刻。

第二步：匹配需求。

如果A选了B，B恰好也选了A，而A和B又分别没有被其他人选择，那么，他们就算匹配成功。

第三步：用你的理由去说服对方。

当所有人的自由意志都得到清晰明确的呈现后，一定会出现这样的情况：你想和A一组，而A和B相互投票，而你又不愿放弃，那么，你要用你的理由说服A，让A放弃B，同意和你一组。

第四步：B和未匹配的人再重新走一遍第一、二、三步，直到每个人都匹配好。

接下来，大家围成一个圆圈，谁想好了匹配目标和原因谁就先说。

我在心里锁定了A，不管她选谁，谁选她，我都会尽力争取她。因为笃定，所以不着急，我决定做最后亮牌的那个人。

我看见，C选了D，D很开心，马上回应对方“好”，神情里传递着对信息的确认“我们俩一组”，而不再表达自己的需求，仿佛被选中、没被落下，就避免了没人选、要落单的尴尬，心里的石头也就落了地。这心理，我懂。

A和E也如法炮制地达成了一致。

就在A和E以为尘埃落定，她们俩一组时，我亮出了我的牌。我说我要选A，并说出我的理由。A显得很为难，她说她想和E讨论孩子的事情，因为E在上一个环节中分享了自己和孩子的事情，她想去请教。事实上，她和E去讨论这事，顶多释放一下焦虑，根本无法触及深入的东西。我一一拆掉她给出的理由，坚定地说服她。

正在她左右为难的时候，已经匹配好的C重新给大家分组，说你和她一组、她和他一组。A看向C，似乎想寻求帮助，我不为所动，只关注A，只争取A。我让她相信：她和我才是最匹配的搭档，她想讨论的主题，我能给出的甚至还要多，我懂她，她也懂我，我们搭档能让谈话升级。因此我坚定、温和，而又有耐心地说服她。那感觉就好像我很了解我自己，也很了解她，我确定我想要一个什么样的搭档、我能给出什么，我也确定她就是那个搭档。那种笃定感让我很有力量。

最终，我说服了她，我们俩成为搭档，讨论了分组过程中的感受。

在这个过程里，我看到她们内心的摇摆，一如我过去某些时刻的摇摆。

过去，当我摇摆拿不定主意时，我有一颗不确定的心。当我内心不确定时，我外在的一切行为都在配合那颗不确定的心：言语上吞吞吐吐犹豫不决，行为举止上拖泥带水无法决断，思想上，既想满足这个人又想满足那个人。

此刻，当我坚定时，我看见了自己内心的力量，以及由这种力量带来的笃定感。

这个发生在“分组”环节中的情景，意料之外，又是情理之中，成了小组课的亮点：清晰地呈现了每个人在面对选择时的行为模式。马老师当然不能放过解读这个行为模式的机会，一番讨论分析后，大家认识到：工作和生活中，当内在不一致、不确定的时候，对外就会呈现出不一致和不确定，外界就会接收到这不一致、不确定，机会就在内外的不一致、不确定中悄然流失了。当你内心笃定，你向外传递的就是笃定，外界接收到的就是笃定，机会非你莫属。

你笃定，你的世界就笃定。

程语

感谢那些“逼迫”自己前行的人

亲们，早起的自己，早上好！

昨天的一天，好快哟！匆匆而过！有些事情还是那么记忆犹新！

今天，自己坚持锻炼的第216天！时间40分钟，5公里运动！

运动挡不住，改为室内运动锻炼！

今天，分享一下：

今天，面对自己真的好难哟！

那就感谢生活和工作中，逼迫自己坚持和前进的人，他们会让自己在一点一滴的“被逼”前行中，看见自己的能力和力量，也会让自己相信我是可以的！我能行！

感谢自己身边家庭及团队中的他人，给自己带来的扰动，让自己更好地看见了自己！

● 燕园心理：马泽中

芊芊心解　走出你的舒适区

每个人都有自己的舒适区，人也总愿意待在自己的舒适区里，这是本能。

累了、渴了、困了，回到舒适区里，补充能量，等待满血复活。

待在舒适区不是问题，问题是：你一直在舒适区里打转，从未走出去过，你的舒适区也从未扩展过。

走出舒适区，意味着改变，意味着突破，意味着要面对自己。

改变和突破会带来不确定感，不确定感会引发焦虑，没人喜欢面对焦虑，而面对焦虑才有可能走出舒适区。

因此，走出舒适区需要借助外力！

这外力可能是：舒适区不再舒适。

当舒适区不再舒适时，一个人就会想改变、想突破。如果足够有信心，他就可以顺理成章突破舒适区；如果没信心、没支持、没方法，这时，有人给他足够的支持，他就敢于走出舒适区，如果他在舒适区外能待得更久一些，他的舒适区就会慢慢扩展。

这外力也可能是：来自别人的刺激。

想想看，一路走来，你一定被无数人刺激过，他们可能是你的父母、你的重要家庭成员、你的另一半、你的朋友、你的老师、你的同学、你的同事、你的领导……可能，他们并不是有意要刺激你，可是，他们的话的确刺激了你那条最敏感的神经。为了证明自己，你努力做得更好。你看，你就走出了自己的舒适区，挑战了自己能力的边界，然后骄傲地说“我做到了”，不是吗？

我就是这样一路被刺激着走出自己的舒适区的。

有人夸我，我认为理所当然，可是有人说“你不行”，我心里马上来了劲，心想“你怎么知道我不行，我偏要‘行’给你看。”然后我就很努力很努力地去做，直到做到“行”为止。

这外力还可能是：信任、肯定、鼓励、支持。

当你犹豫不决，不知该前行、停止还是后退的时候，亲近的人、信任的人肯定你、鼓励你、支持你，你的使命感被激发，你拿到力量，扩展了自己的能力圈，让舒适区的范围越来越大。

每个人，都会遇到这样的外力。有时，你突破了舒适区，有时，你没突破。不管怎样，你都要感谢那个外力，那个“逼迫”你离开自己舒适区的人。正是他，你才有机会看到自己的潜能和力量，看到自己的“可以”和“能行”，也因此遇见了一个不一样的自己。

感谢“逼迫”我离开舒适区的外力，感谢接受“逼迫”离开舒适区的自己！

◎ 程语

一起来，为成长积蓄能量

亲们，早上好！

今天，一天好心情哟！

今天，自己坚持锻炼的第217天！时间30分钟，5公里运动！

今天，分享一下：

冬藏力量，春发新芽，夏来成长，秋来收获！

冬天了，一起来学习，一起来积蓄成长的能量！为2018准备、加油！

●燕园心理：马泽中

芊芊心解　工作之外的时间里藏着你的未来

工作外的时间用在哪里，你的未来就在哪里。

工作内的时间，属于当下，是为了保证当下生活安好而努力的时间，你必须好好干。

工作外的时间，属于未来，是为未来想去的方向做准备的时间，是投资给未来的时间。这个时间有人好好利用了，有人没好好利用。好好利用了的人，一路都很顺，没好好利用的人，能原地打转就很不错了。

对学生来说，课外时间花在了哪些事情上，他的未来很可能就在那些事情上。幼儿园时期的福原爱，她一放学就跑步回家去练乒乓球，乒乓球成了她的未来。

对职场小白来说，下班后仍在精进业务，那么，未来的他很有可能成为行业专家，身价渐长。

对职场达人来说，下班后仍在拓展新领域，那么，未来的他很可能成功完成职场转型，超越自己。

对触到职场天花板的中年人来说，下班后的时间也许要用来发现自己，活出人生的丰富多彩，活出人生的宽度、厚度和深度！

对快要退休的人来说，未来已来……

不管你处在人生的哪个阶段，未来都是你在今天一步一步、一点一点走出来的！

在每一个今天，在工作之外的时间里，如果你为自己留出了30分钟、60分钟，去学习你以前从不了解的一门新课程、你一直想学而没机会学的一门新技术，去认识了一个有趣的人，去解开了思维上的一个限制，去……，那么，你就为未来的自己打开了一扇不一样的窗、推开了一道不一样的门，你就有可能遇到你期望的未来，遇到你期望的自己。

就是这样！那些活得有滋有味的人，那些看起来淡定的、从容不迫的、总能心想事成的人，那些既拥有成功又拥有幸福的人，他们就是这样，在做好当下事情的同时，每天突破自己一点点，不断扩大自己的能力圈，从而走入令人艳羡的未来。

学生时代，我的课余时间用在读书复习写日记上，现在，我擅长的依然是学习。

本科毕业工作后，我的业余时间用在了复习考研上，我考上了研究生，重回北京。

研究生毕业工作后，我的业余时间用在了精进编程技术、精进大型数据库系统上，我证明了我自己。

孩子上学后，我的业余时间用在了寻找“好的教育”上，我遇到了心理学。

遇到心理学后，我的业余时间都给了心理课程、心理讲座、探索自己，我遇到了我后半生最想做的事情，我有了新的身份定位：做个通过心理沙龙和芳香疗法分享爱、传播爱的有爱之人。

你看，今天的我就是过去的我用业余时间一步步走出来的。

回想过去，那个不允许浪费时间的自己，那个把每个时间段都填满的自己，可能是在缓解焦虑，但正因为如此，我用一些工作之外的我认为有意义的事情填满了它，我才遇到了今天这个越来越笃定、越来越自信、越来越让自己喜欢的自己。

有人说，最好的投资就是让自己变得更有价值。

我深以为然！

程语

在哪里，比去哪里更重要

亲们，早上好！深圳，早安！

今天，深圳，一个让我十年来喜欢并爱着的地方，只因每次的到来，都会给到自己触动和收获！

今天，深圳的空气清新舒适，跑起来！

今天，自己坚持锻炼的第220天！时间40分钟，6公里运动！

今天，分享一下：

今天，再次觉察到，很多时候，你或许很清楚自己要去哪里！其实，此时更重要的是，你一定也要更清楚地知道自己在哪里！否则，你很可能会在自己人生的原地转圈，从而迷失自己，更无法到达目的地！

犹如心理学的那句话，知道了自己未来想成为谁，更要知道自己当下是谁！

● 燕园心理：马泽中

芊芊心解　当下是谁，比未来想成为谁更重要

我们喜欢一个人，是因为那个人的身上有我们想成为的样子。

我们想成为的样子指向未来。

未来想成为的样子很重要，因为它是方向、是引领。

比未来想成为的样子更重要的是，现在，此刻，你自己的样子。

我的妈妈与她那个时代的许多女性一样，小时候被剥夺了上学的权力，被迫为家庭奉献一生。在我小时候，我妈妈总向我描摹：她喜欢那个音乐学院老师优雅的举止，还有她想过的生活的样子。于是，那时的我做了一个决定：要替她完成这个梦想。

去年，有个展览叫《花开敦煌——常沙娜艺术研究与应用》，我急急地奔了去。后来我发现，我那么迫切地去看这个展览，并不是因为我懂画懂敦煌，而是因为那个叫常沙娜的女人，她的身上有我想成为的样子。

同时，我也常常去听甘勐老师讲日本文学。在去听讲的路上，我常常想：这仿佛不是我这个年龄阶段的人该干的事情啊？我为什么要跑这么远的路去做这件事情呢？

同年，我又去北大看各种类型的演出，最后得出一个结论，我最喜欢的还是看戏曲。于是我又去北大听昆曲课：哇，好美呀！简直太享受了！

年底，我在一个芳香疗法的沙龙上被精油女神吸粉。精油和精油女神所代表的生活似乎在说：生活这么美，你怎么把自己过成这种样子了！

转年，我的脚骨折了。我被迫停下来，日日与自己相处。在日日与自己相处的日子里，我慢慢沉淀心情，终于弄清楚了：我是谁，我从哪里来，我要去哪里！

我看到：常沙娜的生命状态里有我妈妈描摹的女音乐老师的优雅纯真之美！文学讲座中藏着我妈妈对浪漫文学的渴望，戏曲是我妈妈最热爱的事情，精油所代表的生活状态正是我妈妈向往的生活状态。这些我妈妈想活却没机会活出的部分，我认了出来，我热切地靠近它们，想活出这些部分。

我能认出这些部分，但我真的能活出这些部分吗？

我评估着自己：仿佛不太可能、不太现实。以目前的状态，我不太可能一一活出我认出的那些模样，我只能在我现有的状态里加入能够加入的那些模样。

好险啊，如果我没有遇到心理学，没有深刻地看见过自己，那么，很有可能，我就这样一辈子追了过去，而仍然活成当时的样子！

现在，我知道我身上的每个烙印是谁打上去的、是怎么打上去的，我也知道那些烙印意味着什么，我反而再也不受那些烙印的束缚，可以自由地选择接受或不接受，或接受到什么程度。

我依然喜爱常沙娜的生命状态，我也清晰地知道，我成不了她，我无法全然地拥有她那般高雅的、淡然的、优雅的、美丽的生命状态，但我可以欣赏她，感染我；我接纳我的文艺女青“范”，但我更想把这“范”融入我的心理沙龙中；我依然爱看戏曲，依然着迷于昆曲之美，但我没那么迫切了；我热爱精油，想去探寻精油的奥秘，用精油改变我的生活品质。

你看，基于现在对自己的了解，我放弃了那个带有盲目色彩的未来自己的样子，转而以现在自己的样子为基础，去看看我幻想出来的那个未来的自己身上有哪些可以保留，哪些即便我拼尽全力也无法达到，然后量身定做，舍弃我无法达到的那部分，融入我可以保留的那部分，重新塑造一个可以达到的未来的我的样子。

所以，我知道未来被重新量身打造的我是什么样子的，也知道现在的我是什么样子的，我更知道我如何去到未来的我！

这种感觉真的很美、很笃定！

○ 程语

选择了，就坚持

亲们，深圳早安！

今天，深圳参会的第三天，下午要回北京啦！

今天，深圳空气清新舒适，继续在中心公园跑起来！

今天，自己坚持锻炼的第221天！时间30分钟，4公里运动！

今天，分享一下：

今天，若是自己选择了道路，认定了方向，就要坚定地前行，也更要坚持不懈地前行！

无论自己前行的道路上遇到什么，都是给了自己前行的修行，都是给了自己前行的能力！

我们一起来，在坚持中前行，在前行中实现更好的自我价值！

● 燕园心理：马泽中

芊芊心解　认定了方向，就要坚持

人生就是一个以自己为中心点向外延展的过程，能延展多远，取决于你的方向以及坚持的时间。

你可以在以自己为原点画的圆内任意溜达。你也可以在以自己为原点画的扇形区域里，向着同一个方向，在扇形区域内尽量走得更远。

这两者的区别在于：前者没有目标没有方向，或者说，目标和方向随时变化。后者目标明确，并且坚持走下去。前者是芸芸众生，后者是那些在自己的领域里孜孜以求的人！目标明确，是因为他清楚自己想要什么，想成为一个什么样的人。坚持不动摇，是因为使命感！

我的前半生中，2/3的时间用来延长半径，1/3的时间用来在以那个半径为中心画的圆里乱撞。乱撞的感觉很不好、很耗能，我总想破圆而出，但总是破圆乏力。我不知道是什么阻止了我发力！

经过不断地探索自己，我的心给了我答案。

我也有我的目标，我的目标是获得我认可的权威的认可。因此，我首先要找到一个我认可的权威，然后得到他的认可，我得到他认可的方式是在他喜欢的方向上努力。

上学的时候，我总会找到一些权威——老师，获得他们认可的方式是好的学习成绩。所以，我这辈子最会做的事情就是好好学习，用成绩获得权威的认可。当然，工作了，我就用努力工作来获得权威的认可。

然而，工作时，我找不到那个我认可的权威了，我也失去了努力的方向，我很迷茫地乱努力、乱使劲！我人生的半径就此畏缩不前，我在这个半径划定的圆里乱撞，直到马老师一语点破。

马老师说："你完全可以自己引导自己，自己认可自己。"

于是，我又开启了我的学习能力，延展我的半径。这次，我是因为了解了自己，为自己的使命而努力。

在我每次又想乱溜达的时候，我告诉自己：未来至少还有30年，这30年里你可以在这个你热爱的领域里做许多事情，你做这些事情是因为你热爱，而不是为了得到别人的认可。

于是，我把圆变成了扇形，专注于延展我的半径！我在这个我热爱的方向上坚持，努力走得更远！

愿你也有自己努力的方向，并坚持下去。

程语

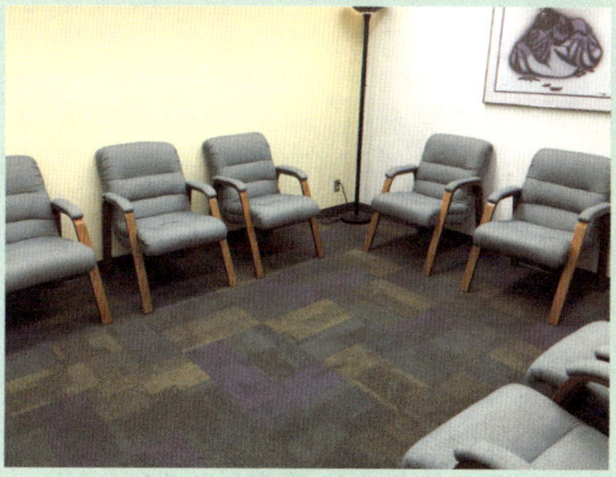

走出舒适区

亲们，早上好！

今天，回北京啦！继续在熟悉的小区、熟悉的路线、以熟悉的方式跑起来！

今天，自己坚持锻炼的第222天！时间30分钟，4公里运动！

今天，分享一下：

今天，熟悉的环境，熟悉的时间，熟悉的事情！

其实，时间久了，自己会越来越多地感觉到：很多时候，我们自己认为自己熟悉和擅长的事情，往往会让自己待在舒适区而不去主动成长，ta反而成为了自己及团队成长和发展的束缚！成为了自己要突破的台阶和成长的瓶颈！

怎么走出来？

用心走出来！

走出舒适区，看见一个更大的世界，更丰富的人生！

• 燕园心理：马泽中

芊芊心解　走出舒适区

熟悉的地方、熟悉的环境、熟悉的氛围、熟悉的气味，熟悉的……

熟悉会带来确定感，确定感让人感到踏实、安全、放心。

婴儿熟悉妈妈的心跳声，在妈妈的怀里，他觉得踏实、安全和放心。

婴儿慢慢长大，他会离开妈妈的怀抱，去探索外部世界。这是他基于已有的确定性，去探索外部世界中未知的那部分，去扩大自己的舒适区。

未知的那部分，包含着不确定性。不确定性会带来恐惧、担心、焦虑。

婴儿总要长大，他不可能一直停留在妈妈的怀抱里，所以，他要在自己的能力范围内去探索未知的世界，以扩大自己的舒适区。

不同的人在面对未知世界的时候，会有不同的反应。探险家们挑战未知，科学家和企业家开拓未知，常人对未知浅尝辄止，庸人止于未知。

然而，唯有去向未知，才有可能看到新的可能性！

去向未知，需要走出自己的舒适区，探索新的可能性，并把新的可能性纳入舒适区，以此扩大自己的舒适区！

扩大舒适区，首先需要突破认知上的束缚，拆掉思维里的墙。

比如，如果一个成年人认为自己成不了有钱人，那么，他永远不可能去尝试做些什么去赚钱，更不可能为赚钱想办法；如果一个孩子认为大学就不是他能上的，那么他根本不可能为学习付出努力，更不可能寻找好的学习方法；如果一个女人认为她就是喜欢舒适的穿着打扮，她就永远拒绝美的搭配。

总之，如果一个人认为自己只适合做某件事，那么他永远不可能去学习和尝试另外的可能性。这个“认为自己是……”的认知就是他需要突破的。

其次，扩大舒适区，需要行动，需要去做——去做另外的那些可能性。

这另外的可能性，对他而言就是未知。

这未知可能是：宅在家里的你，要走出去，面对家门以外的世界；一直过三点一线生活的你，要多拐几个弯、多走几步路，去尝试丰富多彩的生活；从不跳舞的你，开始尝试跳舞；一直做技术的你，要突破“做不了管理的想法”，去学习管理知识；一直做管理的你，要突破管理思维模式的限制，去学习经营；一直在这个行业打拼的你，要突破行业思维模式所限，去主动了解另一个行业……

其实，就是这样一个小小的行动，你就有可能扩展自己的舒适区。

生活如此，职场如此！

去扩大自己现有的舒适区吧！突破它对你产生的妨碍！

程语

关系背后的诉求

亲们，早上好！

今天，自己坚持锻炼的第223天！时间30分钟，3公里运动！

今天，分享一下：

今天，当自己觉得受了委屈或者不公待遇时，先来觉察一下自己，问问自己：我自己是这样的吗？我为何会如此呢？我该怎么处理这个低落情绪呢？

其实，找到自己情绪的来源，是自己还是他人？这很重要！

此时，需要先处理自己的情绪，再去向他人表达自己的感受！

无论对方回不回应，自己都要先处理好自己的情绪，再用积极、平和、有效的方式去沟通交流！

关系背后的关系，其实简单就好！

关系背后的利益，其实自己少拿些、多给别人些，也好！

关系背后的情感，自己多做些，也好！

今天，学会看清楚关系背后的关系！你也就会更好地活在当下！

● 燕园心理：马泽中

芊芊心解　关系背后的真相

每个人都处在关系中，关系无处不在，只要有两个人在一起，关系就产生了：夫妻关系、亲子关系、同事关系、朋友关系、姐妹关系等等。关系，是由关系双方通过具体的事情来共同维系的。

在具体的事情上，关系中的双方总有不同观点。观点不同，就有分歧；面对分歧，双方的处理方式不同；处理方式不同，可能会导致具体问题没有解决，双方反而衍生出委屈、压抑、愤怒、悲伤等各种负面情绪。通常，双方会把产生这些负面情绪的责任推给对方承担，说“都是你的错！”

真相是，关系中彼此互为对方的镜子，你从对方身上看到了自己真实的模样。这个真实模样也许不那么雅观，自己实在不想接纳。为了避免承担“不雅观”的责任，双方都想说“不雅观的是你呀”，然后理直气壮地责备对方“都是你的错！”

这不是好的关系，这也不是能让彼此成长的关系。

好的关系，或能让自己成长的关系是：放下指向对方的手指，转身回看那个“不雅观”的自己，认回他。

所以，你该抛开对方，问自己“我也是这样子的吗？”“我为何会愤怒、会觉得受到侮辱、会有委屈感、会压抑、会觉得不舒服？”“我该怎么处理这个情绪呢？”“这情绪是他造成的吗？还是，他只是激活了我的情绪按钮？”“我这情绪的源头究竟来自哪里呢？”

如果你能这样问自己，你就不会纠缠在表面的问题上，而渐渐逼近问题的本质了。这时，你会看到，在这段关系中的这件具体事情上，你那个被唤醒的内在小孩——真实的自己的一部分，你看到他曾经受过的那些苦，你看到他过去用来保护自己的方式。你看见了他，你告诉他：“我是长大后的你，我会保护你的。”

当你看到自己的内在小孩，你就有可能感受到对方的内在小孩——对方真实的他的一部分：他曾受过的苦，他曾保护自己的方式。

下一次，当你再遇到类似的场景，你就能透过表面看到问题的本质，你的情绪会比较稳定，你会有新的应对策略。因此，你就有能力维系一个好的关系，更能活在当下。

程语

让坚持变得更容易

亲们，早上好！问候一下早起的你！

今天，自己坚持锻炼的第224天！时间30分钟，4公里运动！

今天，分享一下：

今天，感觉冬天的清晨，坚持跑步好冷，好不容易啊！

如何让它变得更加容易呢？

就是让自己的心中充满希望！充满阳光！

在每一天的坚持中，看见自己一点一滴的前行和进步！

其实，若是未来很远，那就多看看脚下，多多看见自己此时此刻每一步的前行！

那么，一切都是值得拥有的！

● 燕园心理：马泽中

芊芊心解　嘉许自己

每天，我们都要处理很多事、应对很多问题。生活真的不容易！

唯有内心充满希望、充满温暖、充满阳光！才会对自己说："人生值得活。"

内心的希望、温暖、阳光，来自自我嘉许！

小时候，父母和亲人的支持、鼓励、肯定会在孩子的心里种下希望、温暖、阳光的种子。长大了，孩子就会自动调用这些储存在内心的希望、温暖、阳光的种子，让自己有能力面对生活中的种种事情和问题。

这种子，有的父母种得多，有的父母种得少。

无论是哪种，已经长大的我们，都有能力学会在自己的生活中自我嘉许、自我支持、自我欣赏，从而让内心的希望、力量更多一些，转而继续给内心种下希望、温暖、阳光的种子。

自我嘉许，关注的是生活中点点滴滴的具体事情，在点点滴滴的事情中找到那些可以自我嘉许的点。

你可以嘉许自己：比昨天早睡了一刻钟。

你可以嘉许自己：允许自己休息了一下午。

你可以嘉许自己：面对他人的责难，少了一些自我怀疑。

你可以嘉许自己：面对复杂事务，内心多了一些耐心和力量。

你可以嘉许自己：今天注意到了一朵美丽的花。

你可以嘉许自己：去会见老友。

你可以嘉许自己很多很多。你信不信，你能嘉许自己至少100个点呢。

你可以嘉许自己每一个被检视了的动念，告诉自己：你值得，你配得。

然后带着这些自我嘉许积攒起来的力量，笃定前行。

每天嘉许自己，给内心更多希望、温暖和力量，面对值得拥有的人生。

每天嘉许自己，就是在给内心种下希望、温暖、阳光的种子！

○ 程语

做事方式

亲们，早安！问候一下你！

今天，自己坚持跑步、锻炼的第225天！时间30分钟，跑步4公里！

今天，感受在北京冬日清晨的寒冷和出汗，是一种通透性的身体感觉！

工作和生活中，对于易事认真办，对于苦事用力办，对于难事用心办，对于好事，用心努力地、朝更好的目标方向去办，对于复杂的事，要理智、智慧、用心、自然而然地去办。

对于人生，对于工作和生活，我们一起认认真真、踏踏实实、勤勤恳恳地做好自己。

面对每一件事，不因其易而轻视，不因其苦而放弃，不因其难而退缩，不因有功而自傲，也不因无过而自喜！

相信，一段时间后，我们自己也会越来越好，越来越有成就感和价值感！

● 燕园心理：马泽中

芊芊心解　你做事的方式里藏着你的三观

几个月前，我问一个朋友“如果你觉得一个项目很值得做，你会犹豫，会去想万一失败怎么办吗？”朋友毫不犹豫地说：“不会，直接就去做了。”

几周前，我在电视上看到一个采访耿玉琨的节目，主持人问，当年决定自驾去丝绸之路上考察、画画时，有没有害怕？耿玉琨说没想过，就是想做这件事了，就全力去做。

这两个人，她们有一个共同特点，就是没有内心对话，想好了就全力去做。

而我，常常会有很多内心对话，怕这怕那，最后什么都没做成。

这种内心对话，有的人很少，有的人很多，这取决于内心信念。

内心怕吃亏，做事就会斤斤计较。

内心想证明自己，就喜欢做有挑战的难事。

担心被否定，做事的目的就是获得肯定和认可。

心里怕指责，就会想法很多却鲜有行动。

内心有个总被允许的自己，就会直接去做自己想做的事，就像耿玉琨和我的那个朋友。

每个人做事情的方式都由其内心信念决定，内心信念的集合就是我们常说的三观。

三观决定人生的宽度、深度和广度以及幸福度，最终通过做事方式体现。

做事情（行动）之前，信念先行。信念不同，做事方式就不同。

大多数人的内心信念自带内耗，内耗一来，专注点就不在做事情本身了，而集中在“别人会怎么看我”“我害怕做不好”“他不满意怎么办”上了。这种内耗性的内心对话往往会浇灭做事的火苗，要么没法投入，要么干脆不做。

这样的做事方式，看似指向当下正在发生的事情，实际上，当下正在发生的事情只不过是个导火索，通过它，潜意识迅速唤醒小时候曾经在相似情景下的身体记忆和情绪反应，直接调用当时总结出的应对策略和形成的内心信念，最终发出如何行动的指令。这就是做事方式。这个过程非常迅速，不经过专业训练，很难被意识捕捉到。

潜意识不做时空的区分和验证，它不知道现在和过去，只会机械地根据现在的情景去调用过去类似情景下形成的内心信念和应对策略，直接使用，因为这样快，而快，对于当年丛林生活的祖先们的生存非常重要。

通常，这些内心信念和防御策略形成于幼年时期，情绪反应指向幼年时期自己的父母。

也许，幼时的自己在和兄弟姐妹竞争时，总是吃亏的那个，所以，做事情的时候先启动值不值的考量，行为上就显得斤斤计较。

也许，幼时的自己总被父母打压贬低，因此总想去做些难事以证明自己很厉害。

也许，幼时的自己总被父母忽视和否定，因而做事时就自然带着渴望父母看见、肯定、认可的动机。

也许，幼时的自己总被父母指责，因而每当想做事情时，就首先想到被指责的场景，导致不敢去做事情了。

内心信念可以重塑，防御策略可以重整。

慢下来，运用自己的觉知，重新检视遇到事情时冒出来的内心信念，读懂它的动机，寻到它的源头，看清它的运作过程，发展出新的内心信念，用新的内心信念取代原有的内心信念，用新的防御策略取代原有的防御策略。

这样，做事方式随之改变，做事情就变成做事情本身了：做事情就是做事情，评估出难易、评估出简单复杂、评估出好坏，该认真办的认真办，该用力办的用力办，该用心办的用心办，该好好办的好好办，该启动智慧办的启动智慧办。

如此。

程语

问题本身，真的是压力的来源吗

亲，早上好！今天，问候早安！

今天，早起抬头望见一轮明月高挂当空……

今天，自己坚持跑步锻炼的第230天！时间30分钟，5公里！快了一些！

今天，分享一下：

每年都会面对年底的压力和焦虑，有时还会更大些！

其实，用心感受一下，这些压力和焦虑的来源，不是问题的本身，而是自己对待问题的心态！

其实，问题并不可怕，问题的存在也是正常的，可怕的是，不知道问题的存在，不知道存在的问题是什么，甚至自己本身就在逃避和回避问题。这或许才是我们面对问题时真实的压力和焦虑的来源！

我深深相信，当自己看见了问题，知道了问题是什么，自己的内心深处就会变得更加坚定而自信了，因为，随后就是整合资源和关系、解决问题的过程啦！

我会拥有和享受这个过程！

ta是让自己体验成长的过程，体验价值的过程，体验和感受修行的过程！

2018，距离你还有一个月！我来啦！

• 燕园心理：马泽中

芊芊心解　问题本身，真的是压力的来源吗

说到压力，大多数人会以为压力和事情有关，和事情的多少有关。

事情多，问题就多，你很忙，你的压力就大；事情少，问题就少，你不那么忙，你的压力就小。因此，总有人轻蔑地说：“你有啥压力啊，你工作那么闲。”“你在家做家务，有什么压力？”也总有人想找事情少又不那么忙的工作，以减少压力！

事实是，压力与事情和问题的多少没有直接关系，而与应对事情和问题的心态有关。

应对事情和问题的心态，与自己实际拥有的能力没有直接关系，而与面对问题时，你对自己“能不能处理好”的信心有关。

可能，你真正担心的是：“他拒绝了我怎么办？”“如果这事我没办好，领导不满意，怎么办？”“我去做这件事，同事们会怎么看我？”“我没做好，我觉得好羞愧哦！”

看见了没有，是你对待问题的心态阻止了你的行动，并因此产生了压力。

面对问题，你不是没有办法，不是没有处理问题的能力，而是你被自己预设的

对问题处理的结果吓坏了，你能量中的大部分都被用于处理“吓坏了”的感受上去了。一旦你发现面对问题时你心里自动生出的那些声音，经过核实，根本不存在，下次再处理问题时，你可能就会专注于想办法，而办法其实没那么难想。

那些自动预设的结果，并不会在此刻发生，但为什么会自动跳出来吓人呢？

这和我们幼年（7岁之前）与父母的互动有关。

幼年以及童年，每当你要做一件事情，你要处理一个问题，父母经常干涉，指指点点，说你这里没做好那里没做好，让你不知所措。日复一日地强化后，当你想去探索外面的世界时——探索外面的世界就要做事、就要解决问题，你就自动想起了父母的各种挑剔以及这些挑剔带给你的诸多负面感受，于是，面对丰富多彩的外部世界和被挑刺后的负面感受，你权衡来权衡去，最终选择了向负面感受投降。

你成年了，也想展示自己的能力，获得大家的尊重和认可，那你就得做事情、解决问题。一旦你开始做事情、解决问题，你幼年在打算做事情时被父母强化的不良感受就被唤醒，一方面你不得不分心处理这些不良感受，一方面还得解决问题，和那些一门心思解决问题的人相比，你是不是多花了一部分精力去处理幼年的不良感受，多花的那部分精力就是你感受到的压力和焦虑。

所以，你看，压力以及由此带来的焦虑，其来源并不完全是问题本身、事情本身，而是你自己面对问题、面对事情时的心态！

问题是常态，面对问题的心态可以认知、可以感受、可以调整。

不逃避，去面对那个被唤醒的负面感受，倾听它的声音，你终究会发现，那些负面感受不属于现在的你，现在的你，有能力解决好这个问题。

一旦突破了这个束缚，你会发现，你的内心坚定而自信，唯有全情投入、整合资源、整合关系、解决问题！

◎ 程语

走出去，只为更好地活

亲，早上好！问候早安！

今天，自己坚持跑步锻炼的第231天！时间40分钟，5公里！越跑越爽！

今天，分享一下：

面对当下，走出去，多合作，好发展！

待在原地，无法更好地活着时，那就走出去，多合作，寻求更多的生存机会，学会更多的生存能力，学会更多的合作，拥有更好的发展！

走出去，只为更好地活着！

一个人如此，一个团队如此，一个民族和国家也更是如此！

2018，走出去，我来啦！

● 燕园心理：马泽中

芊芊心解　走出去，才能更好地活

对于安全感不那么强的人来说，走出去，是个难以做出的决定。因此，许多人选择在熟悉的环境里，原地踏步。

熟悉的环境，熟悉的人，熟悉的事，熟悉的观点，熟悉的想法，熟悉的模式。

熟悉意味着稳定，稳定带来确定，确定给人安全，安全意味着舒适，舒适意味着不想走出去，甚至不能走出去。不想走出去，不能走出去，意味着你无法了解外面的世界正在发生着什么，无法预料这对你的影响，更无法提前做好应对准备。你会因此错失机会，被落下，被淘汰，最终觉得一辈子活得不那么精彩，甚至觉得活得很失败。

过去，我也如大多数人一样被困于自己的舒适圈，难以向外迈出一步。

我所有的努力仅限于我的舒适圈。一旦有涉及舒适圈以外的事发生（可能它同时恰恰也是一个机会），我就赶紧说："不，我不敢，我怕我做不好，我怕我做坏了影响你。"

虽然，在别人看来，我在我的舒适圈里也活得不错，可我总觉得哪里不对劲，直到我遇到心理学，开启了了解自己的大门。

了解自己的过程，就是不断发现自己身上束缚的过程，正是这些束缚限制自己离开舒适圈。于是，我慢慢解开束缚，积攒力量，在觉得安全的时候，试着离开我的舒适圈，去探探舒适圈以外的世界。

我发现，舒适圈以外的世界并不像我以为的那样令人害怕，相反，它丰富多彩，充满魅力。在那里，我认识了一些人，我的能力被认可，我的潜力被开发，我的价值被体现。我走出去得越来越多、越来越远、越来越久、越来越乐此不疲。每次，要离开舒适圈开发一个新的潜能时，我还是会有些许不安，这时，我会询问自己的内心：这会伤害我吗？然后一一评估，告诉自己"不会"，于是安心，并去探索。

就这样，我开始从以前的喜欢一人独行变成大家一起同行，虽然走得不像以前那样随心所欲，但是却走得更加开心愉快，更加目标明确，更加有力量，更加长远。我的人生也因此变得丰富，我终于得以看见一个不一样的自己。

人生如此，企业如此，国家也如此。

走出去，才能更好地活。

程语

去爱·勇敢篇

内心充满爱的感觉真好

亲们，问候你，早上好！我回北京啦！

两天，2000公里，东风城—嘉峪关—北京！沿途风景，一路经过甘肃、内蒙古、宁夏、陕西、山西、河北、北京！一日千里的路程……

今天，开始自己坚持跑步的第172天，50分钟，5公里！

今天，多跑一会儿……

让自己的内心充满爱的感觉真好……

让自己的内心去追寻爱的喜悦……

我在内心虔诚祈祷：让生命有爱！让生命有光！让心中拥有对生活的爱，让自己生命中的爱更好地流动。

今天，让关系流动，让爱流动，让自己的生命在流动中实现自己喜欢的意义和价值！

● 燕园心理：马泽中

芊芊心解　爱的感觉

最近，我们的心理微信群很热闹，有人描述自己对某事的觉察，有人根据这个人的觉察提出自己的观点，又有人针对这观点提出不同看法，还有人想起了身边的事因而提出疑惑。总而言之，话题都围绕着“爱”进行，最后又落脚在“爱”上。

我特别想说：“那么，什么是爱呢？请好好思考学习一下这个词的内涵，然后再去看身边人的爱恨情仇。也许，那时就会透过现象看到：无论怎样奇怪的、不可思议的行为，都在呼唤爱！”

那么到底什么是“爱”呢？

对于“爱”的理解和内化，我也经历了好几个阶段。

第一阶段：以为给我吃、给我喝、供我读书上学，就是爱。当然，这的确是爱，是爱的一种形式。

第二阶段：除了物质上的照顾之外，我们似乎还需要有精神上的爱，并且精神上的爱似乎更重要，比如安全感、温暖、陪伴等等！

第三阶段：如果我们自己未曾被爱好好滋养过，我们就无法给出高质量的爱。因此，作为成年人，我们首先要做的事情就是先去学习爱自己，先去好好滋养自己。

第四阶段：当我带着觉知力去观察我和亲人们的互动时，我发现，更多的时候，我们是在相互索取对方的爱。也就是说，我们的交流更渴望得到对方的理解、关注、支持，而我们都因为太缺少而无法给予对方。不是不想给出爱，而是不知如何给出爱。我们的口袋里装的关于爱的方法和工具太少了。

通常，当我们向对方索取爱时，对方因无法给出而感到羞愧，因而恼怒，于是用指责来掩饰。如果停留在这个层面，我们体会到的就是被指责，就是不爱；如果往下探索，我们会发现：不是因为他不爱你，而是因为他那里也没有你想要的爱，他和你一样匮乏，这时你就会理解对方。

这种对对方爱的匮乏感的理解是基于你首先理解了自己的匮乏感。如果此时你已经足够多、足够深地理解过自己、滋养过自己，那么，你就有可能趁机教会对方用爱的方式来回应你，同时，对方也就学会了一种爱的表达。

第五阶段：原来，愤怒、指责、生气、唠叨等负面行为的背后居然也包含着爱的部分，透过行为去看到爱的部分，去表达爱的部分，这才是真正的转化和疗愈。

当孩子不愿写作业，你对孩子怒吼时，这怒吼的背后难道不是你对孩子深深的爱吗？

那么，为什么不去表达爱的那部分呢？

如果你不曾表达爱的部分，而表达了怒吼（负面情绪），那么，孩子很难感受到你的爱，他感受到的就是不爱、就是嫌弃、就是讨厌。这是你想看到吗？

设身处地地想一想，当你感受到不爱、嫌弃和讨厌时，你是什么感受？你还能安心踏实地去写作业吗？

用爱的方式去链接，先表达爱再表达自己的感受，试着说：“孩子，我爱你，当我看到你不写作业的时候，我有些担心，还有些焦虑。我担心老师会批评你，我担心你以后上不了一个好大学。你能帮帮我吗？”

爱怎么表达都不为过。

而孩子也会因为接收到你的爱而感到踏实，为了回报你的爱，他就会好好完成自己该完成的事。当然这需要一个过程，不是做一次就够了，而是需要父母有足够的耐心，同时保持自我觉知力。

第六阶段：爱有被爱和去爱两个部分。当我们期望得到某个人的爱时，是因为我们深爱那个人。期望被爱是孩子的需求，去爱是成人的能力。如果你去学习爱，你就能拥有爱的能力，你就能真正去爱自己所爱之人，被你爱过的那个人也因此学会了爱，拥有了爱人的能力，从而反馈给你真正的爱。一个关于爱与被爱的良性循环建立起来了，是不是很好呢？

那么，爱，到底是什么呢？

爱，首先不是一样东西，放在那里，等你去拿。

爱，其实是一个动作，存在于关系中。

在关系中，一个人给出爱，一个人接收爱，爱才会流动起来。

很多时候，我们不是没有爱，而是不知如何表达爱，爱，因此无法流动。

你当然可以通过给钱、给物、给玩具、给衣服来表达爱，但同时，爱，更多的是情感的表达。

爱在情感层面的表达，就是去做这些动作：关心、支持、鼓励、爱护、关注、看见、理解、肯定、认可、照顾、保护、倾听、欣赏、同意……

如果你是个成年人，面对你的内心小孩时，你要做两件事情。

第一件事情是去理解“批评、指责、说教、讲道理、说服、打骂、抱怨、贬低、比较、诉说、责难”等行为阻止了爱的流动，让人难以感受到爱。父母曾经的这些行为，的确让你受了很多的委屈，那时委屈的自己需要被自己深深地看见和抚慰，同时，要看到其中爱的部分，去理解那时想爱又不会爱的父母，他们已经用尽了他们所能用到的最好的方法爱过了你，他们也同样被困在爱的围城里，与你一样痛苦。

第二件事情是停止用父母曾经对待自己的方式来对待内心中的那个小孩，转而用爱的动作去爱内心的那个小孩。这是移除内化父母的声音，用爱滋养内心小孩，鼓励他长大，是最好的爱自己的方式。当内心小孩被好好爱过，他就有能力来爱别人了。弗洛姆在《爱的艺术》中说“爱是一种能力”“爱主要是给予而不是接受”，就是这个意思。

当你完成了这两件事，你再去面对现实生活中你的孩子、你的爱人、你的父母时，你才能自然而然地做出爱的动作，直接去向爱的部分。

多多地去做这些爱的动作吧，因为这些动作直接去向爱。

程语

健康人生，从爱自己开始

各位亲，早上好！

今天，自己坚持跑步的第 189 天，40 分钟，5 公里！

今天，健康的身心，来源于良好的生活作息习惯、合理的饮食习惯、积极平和的心理状态！

为什么做不到呢？

因为，自己的内心不爱自己，也更不知道如何爱自己！

学会爱自己的方式或许很简单，就是：

中午时刻，休息一下，听一首自己喜欢的音乐。

犒劳自己，特意去吃一顿自己喜欢吃的好吃的！

还有，吃好每一顿属于自己的美食！

早餐吃的如王子，要丰富吃好！

午饭吃的如国王，要丰盛吃好！

晚饭吃的如乞丐，要简单吃少！

今天，健康的人生，从爱自己一点点开始！

● 燕园心理：马泽中

芊芊心解　学会爱自己

我不会爱自己。

我不知道什么是爱自己，怎样做才叫爱自己！

我不爱照镜子，不在吃穿用度上花时间。

我只知道，我不能停，我必须往前跑！

我只知道，我不能浪费每一分钟，我必须让每分钟都有用！

所以，我若想看电视，我就得同时洗衣服。

释梦工作坊里，有位学员说，这是生存焦虑。我得承认，她给了一个很准确的词。

一年前，在燕园心理马泽中博士的团体心理动力成长小组中，老师要求我们盯着镜子中自己的眼睛看3分钟，那时，我很不想看镜中的自己，也不想感受自己的感受，因为那感受会让我哭泣，而我不想哭。然后，被问到感受，我脱口而出，无比坚定地说："我不喜欢她，我不想看见她！"

也许，这才是我不照镜子、不打扮、不允许自己享受的原因吧！我那么不喜欢自己，不想看见自己，我怎能做到好好爱她！

也许，这也是我不断奔跑要变得有用的原因吧，我只有有用，我才配活着，我才配得到别人的爱！

这过去的40多年里，我一直致力于做个有用的人。对我来说，如果没用，人生还有什么意义！有用，是我人生的意义！

过去，我有许多引以为傲的坏习惯，最重要的三个坏习惯是：熬夜、不运动、吃得饱饱的。

去年，我意识到健康对我的重要性，我花了一整年的时间来调整，终于有所突破。

我不是一到晚上就精力充沛吗？那我就耐心观察，看看晚上的我都在干啥，为啥干。

有时，我要跟晚上的我谈话，给她做思想工作；有时，我要跟晚上的我商量对

策，问她，怎样做她才愿意睡；有时，我要表扬一下晚上的我，因为她早睡了；有时，我要询问晚上的我，为什么又不睡了；有时，我想打晚上的我，明明困得不行，就是舍不得睡；有时，我不想理晚上的我，爱怎样就怎样吧；有时……

终于，有一天，晚上的我毛顺了些，开始配合我的健康大计。

如此类推，我跟不爱运动的我、吃得饱饱的我斗智斗勇，拿出温柔而坚定的态度，它们也终于同意配合我的健康大计。

嗯，这大约就是爱自己的感觉吧！

爱自己，从让自己的身体健康开始！

我开始早睡早起，把晚上的时间留给早上。

我开始寻找适合自己的运动，因为我想拥有健康的身体，做更多的事情！

我开始在为了不浪费而多吃的时候，或者，因为爱吃而想多吃的时候，停下来，问自己：不浪费重要，还是，自己的健康重要？爱吃就多吃重要，还是，自己的健康重要？

我开始允许自己慢下来：慢悠悠地做饭，同时听课；慢悠悠地走路，同时天马行空；油瓶子倒了也不急着扶，看看油是怎么从瓶子里流出来的，而我接下来会如何处理。

我开始允许自己表达脆弱：我用委屈的泪水代替过去的愤怒，来表达我此刻的恐惧。我害怕，我哭泣，因此，我爱了我自己。爱自己，从允许自己表达自己的脆弱开始。

爱自己，从允许开始。

当我允许了我自己，我就开始能够允许别人。

我开始允许老公……，允许女儿……，允许别人……

允许等于不责备。允许自己，允许别人，不责备自己，不责备别人。

我依然在往前跑，我依然想让自己有用，但似乎又有不同。

这不同就是：当我又自动化反应时，我会停下，问自己：我重要，还是，满足习惯性的防御策略重要。

答案当然是我重要啦！

把“我”放在首位去爱，我就已经开启了爱自己之旅。

我知道，这条路上一定有许多宝藏，让我感到满足、愉悦，让我的人生了无遗憾！

程语

让自己简单一点

亲爱的，早上好！

今天，你是否睡到自然醒呢？

今天，自己坚持锻炼的第284天！室内锻炼时间40分钟，快走4公里！

昨天，喜欢和"你"在一起的感觉，我们相遇，都是为了这一刻的绽放！

今天，看见自己，喜欢周末的感觉。早晨起来，还是喜欢慢一点的生活，喜欢简单一点的简生活，喜欢做点自己喜欢的事……

今天，让自己慢一点！让自己简单一点！让自己喜欢的事情多一点！

今天，祝福，"你"用心赢来了自己的珍贵"礼物"！

● 燕园心理：马泽中

芊芊心解　我心中的简单

在现在这个节奏飞快、每个人都跃跃欲试的社会中，简单似乎更多是一个存在于书本上、小说里的词汇。大家都知道它，但却很难有人准确地说出究竟什么是简单。很多人都向往它，但却很少有人把它变成真正的生活。

我也在想，究竟什么是简单呢？

我无法准确地定义它，只能借助那些拥有简单特性的人和事物来感受它，试图让我看到究竟什么是简单。

首先，我想到，它简约却不粗鄙，不然大家不会那么向往它。

其次，我想到了阳光、水、青草、雨珠、氧气、绿树。是呀，它们都很简单，不需要我们费很大的劲去获得。所以，我想，简单是一种在身边极易找到的东西吧。

然后，我想到了阿甘、郭靖，他们简单又执着。所以，我想，简单是大智若愚、目标坚定吧。

我还想到很多大师的生活：一粥一饭、一席一铺，却心思安宁。所以，我想，简单是不嗔、不痴、不贪、不占，够自己用，满足自己的需求即可，是那种不以占有为目的，也无需用占有来满足自己欲望的生活方式吧。

简单还是很多大师的生活历程：他们虽负盛名，却专注于自己的专业，生活规律又简单，不为盛名所累，终有所成。所以，简单又是专注、有所舍才有所得。

这可能就是我心中的简单：安宁的享受自己身边拥有的世界，目标明确，生活简单、规律。

简单是发自内心的知足！

杨莉

爱自己 = 爱身体 + 爱心理

亲，早上好！问候早安！

今天，自己坚持跑步锻炼的第198天！30分钟，4公里！

今天，本周的第二场心理减压系列讲座，一起期待中……

今天早起的感受：

送给早起的你，送给每天一路奔跑的你，身体上爱自己，心理上爱自己，才是更好的爱自己，自己的生命价值真的比自己想象的要重要很多，一起重视一下自己！

今天，多爱自己一点点，对自己好一点点哟！

燕园心理：马泽中

芊芊心解　爱自己，就是让生命能量自由流动

我不知道什么叫爱自己。

自从和咨询师探讨我的过往，我常被告知要爱自己。

可究竟怎么才算爱自己呢？有没有普适标准呢？

我踏上了漫长的道路，去寻找“爱自己”的方法。

有人说，要穿得女性化一点。我虽然不情愿褪下舒适的休闲装，也开始置办了一两件裙子。

有人说，要化点淡妆，让自己看起来精神一点。这个目前我还真做不到。

有人说，要好好给自己做饭吃。我不知道什么叫好好做饭吃，我只是觉得做饭真是一件好麻烦的事，我不想浪费时间在那里。

有一天，我穿上我的“好”衣服，因为我要去见一个重要的人。可是，因为约见被临时取消，我盘算着把这身衣服换掉。那一刻，我忽然发现我穿“好”的衣

服，不是为了取悦我自己，而是因为我要去见一个重要的人。那一刻，我开始一遍一遍告诉我自己，我该为了取悦自己而穿衣。那时，我觉得我是爱了我自己，因为，那一刻，我的心里有了我。

对于化妆，我是认可的，但是，我还未做好心理准备，我需要但不是现在，我许诺：一两年之内化妆定会成为我的需求。那时，我觉得我是爱了我自己，因为，那一刻，我没逼自己去做做不到、不想做的事。

好好做饭给自己吃，这对我来说好难好难哦！我想好好吃饭，可是我并不想好好做饭！于是，当我每次不得不做饭的时候，我就用心感受内心的烦躁和腹部的胀满，想听听它们在告诉我什么。我一遍一遍地感受、一遍一遍地听，终于，有一天，有个声音说，因为你的妈妈不希望你去做饭。即便是此刻，我在重述这段故事，我也仍然忍不住流泪，因为这里有我卡住的能量。那一刻以及这一刻，我是爱了我自己，因为我看到、感受到我那些被卡住的能量。

在不清楚什么是爱自己的情况下，我每天花一个小时，专心用文字去和内心的那个自己对话。今天，我知道，那叫陪伴自己，陪伴内心的小孩，陪她一起去经历她曾经经历的事情，看见她的委屈，安抚她的情绪，就那样爱护她理解她。那一刻，我知道，那是我最好的爱自己的方式。那些被卡住的能量就这样在一次一次的文字对话中被释放了出来，让我的身体被释放出来的能量充盈。

有人说，爱就是让能量流动起来。现在的我，就是让能量从被冻住被卡住的状态变成自由流动的状态了吧！

爱自己，就是身体上呵护自己，心理上探索自己，感受自己内心的声音、释放卡在身体里的能量，让自己越来越像那个最棒最纯然的自己。

这就是我目前能找到的爱自己的最好方式：爱身体，爱心理！

◎ 程语

做自己，什么时候都不晚

今天，大年初六，用心准备一下，开始投入自己的工作啦！一起开启自己的工作模式吧！我也开始出发啦！

开始上班了，送给彼此，也更好地送给你，开启更好的2018！

分享一下：做自己，什么时候都不晚！

当很多人在感叹自己“年龄已大”“来不及”“为时已晚”而束缚住自己的内心和脚步时，让自己变得拖延和裹足不前时，我个人有一个建议。

今天，我们可以为自己制定一个人生的愿望清单。

你可以闭上眼睛，想一想，你这一生想要完成哪些愿望？如果不完成这些愿望，你可能会觉得缺失好多，甚至可能会终身遗憾。

然后，睁开眼，拿出一张纸，写下你的人生愿望清单。

比如：

1. 成为一个心理咨询师；
2. 环游全世界，去非洲大草原；
3. 有一个孩子；
4. 成立一个慈善公益基金会；
5. 去到世界最南端：南极；
6. 今年找一个男朋友，谈一场恋爱；
7. 养一只宠物；
8. 今年要升职加薪；
9. 去海豚湾：看海豚；

……

当你在纸上写下这些愿望的时候，你会感到心潮澎湃，因为，你第一次感到，原来自己有那么多梦想等着你去实现，你感到自己真的可以为自己而活。

而这些，都与年龄和外界的期待无关，这些梦想和愿望组成了你自己的人生。

也许，在实现这些愿望清单的过程中，我们会听到很多外在质疑、挑战的声音。这个时候，你需要告诉自己，梦想是自己的，与别人无关，没有人能替你活，你也没有办法为了满足别人的期待而辛苦地活。

这个时候，你会意识到，当你开始做自己，不管是6岁还是60岁，都不晚。

今天，为自己准备吧！2018，我们一起出发吧！向着梦想出发！让我们一起身披梦想的清单，一起携手同行！一起用心努力前行！

今天，出发吧！

● 燕园心理：马泽中

芊芊心解　你没有办法为了满足别人的期待而辛苦地活

“你没有办法为了满足别人的期待而辛苦地活!”

看到这句话，一下被触碰到，很多感受刹那间浮上心头，五味杂陈。这种感觉遥远而又清晰，这不就是几年前的自己吗！经常为了满足别人而辛苦地活着。

也许一个面具戴久了，就会慢慢搞不清楚自己真实的样子。那时在我的内心中经常有两个自己在斗争。一个女孩儿倔强、坚强、不服输、疾恶如仇、心直口快。一个女孩温柔听话、善解人意、努力付出、不会拒绝、不敢反抗、害怕冲突、软弱无力、不能保护自己。这就是我身上同时存在的两个形象，只不过一个表现在外，一个深藏于内。

那个温柔听话、善解人意的自己是我在生活中最常见的样子。

上级交代的各种任务，即便觉得有很大困难，却从不敢表达，而是满口答应，哪怕私底下会让自己为难，因为生怕他们会对我失望。

朋友亲戚托付的事情，会比自己的事情还上心，甚至到处求人托关系，即便自己其实最不愿意求人。

答应的事情就一定要做到最好，哪怕自己已经筋疲力尽。

一堆人在一起，总是先观察一番，最后才说出自己的意见。

在利益受到侵犯时，经常因为不敢和别人发生冲突，而选择了放弃自己的利益，最终导致无法维护自己的边界，一步一步退让。

在受到攻击时，因为不愿发生冲突，很多时候会选择忍耐。

……

那时的自己，内心经常充斥着很多的负面感受：不被理解、没有被看到的委屈；全心全意付出却没有回报的伤心和愤怒；对自己的懊恼、指责和怀疑；对生活的迷茫。这些感受经常交织在一起，让我心乱如麻，不知该怎样去继续。

而内心那个被深深压抑的另一个自己，也会不断地发出各种信号，让我不断地去注意到她的存在：我也会愤怒，希望可以在下一次面对攻击的时候可以狠狠地回击；我也会一遍遍在脑海中设想，如果下一次再接到超出自己能力范围的任务，一定要大方坦荡地说出自己的困难，赢得更多的理解和支持；我也会想象如果以后有不公平的事情发生，一定要坚决维护自己的利益，不再随意放弃……

可经常这样想却就是无法做到。每一次面对真实的事件时都会退缩，事后又特别后悔。即便终于鼓足勇气说了出来，事后也会非常忐忑，不知自己是否做错了。这样的内心戏不断上演，让我心力交瘁。

就在这样的纠结中，我走上了心理学的道路，不断寻找原因，试图去理解自己。

我终于明白，所有的一切其实都是因为那时的我并不是为自己活着，而是为了满足别人的期待而活着。

我害怕别人会对我失望，所以事事都要做好。

我害怕别人会对我不满，所以不敢去拒绝。

我害怕会受到更严厉的攻击和惩罚，所以不敢去反抗。

我害怕冲突，所以不敢去发出自己的声音。

而这所有的一切都只是因为我多么希望有一份和谐的关系，希望自己可以满足别人对我的期待，让别人满意，我就可以得到更多的认可、赞赏和爱。这曾经是儿时的需求，后来我虽然长大了，内心却停留在了那个小女孩的感受中。

明白了这一切，我才慢慢看清了自己，了解了自己。

一切的付出只不过是一场魔术，明里的手在给，暗里的手却在要。只不过，给出去了，却不一定能要到；失去的就是失去了，30 岁的我不可能再像一个孩子一样去要求外界不断地满足我的需求，更不可能用仍旧做一个孩子的方式去得到这些认可和爱。

正是心存了一直向外要的念想，才会一直为满足别人而活。

为满足别人而活，没有自己，是无意义的，是累的，也是悲剧的。

人生之为人，就是要为自己活，活出一辈子独特的自己，再把自己的独特反哺给这个世界。

于是，一声响，那套束缚内心已久的枷锁掉落了，在那一刻，我感受到了前所未有的自由。

我不再为别人而活，而是为自己而活；我不再非要从别人那里得到认可，而是不断尝试自己去肯定自己、认可自己；我不再因为担心别人对我的评价而畏首畏尾、犹豫不决，而是更关注自己的内心、自己的感受；我不再认为自己是软弱无力的，而是愿意让自己承担起生活幸福的责任；我不再总是希望可以从别人那里得到满足，而是自己去满足自己、做自己想做的事情……

这样的自由，让我的生活更加丰富；这样的自由，让我的内心更加自信；这样的自由，让我发现了一个全然不同的、充满活力的、对生活更加充满激情的自己。

这一刻，我更深地感受到，原来很多时候我们不能活好，是因为，在我们的内心里，我们是在为别人而活着。那不是我的生命，我不需要为此而努力。当我真正感受到生命是属于自己的时候，我会承担起生命的责任，这才是活着最大的意义——活出自己！

世界就是这么奇妙！

当你一身束缚、畏手畏脚、祈求所得时，却偏偏得不到。

当你扔掉枷锁、痛痛快快、活出自我时，却往往心如所愿！

愿每个人都能活出那个不一样的自己！

杨莉

把时间留给你

亲，早上好！周末愉快！

今天，自己坚持跑步锻炼的第199天！40分钟，6公里！

今天，开启二人世界，小小期待中……

今天，休息休息！

有一种休息，就是陪着你，一起做点让你喜欢的事情！

有一种放松，就是陪着你，一起做点彼此都开心的事情！

今天，闲暇时光，晒晒太阳。

与你一起打盹、晒太阳、逗趣玩……

与你一起感受安静的时刻……

此时此刻，让生活静静地进行，让时光静静地流淌……

今天，把属于自己的时间留给属于自己的人，留给自己值得爱、也爱自己的人，一起做点喜欢的事情！

● 燕园心理：马泽中

芊芊心解　爱你，就是把时间留给你

最近读到这样一个故事：一个爸爸，工作性质决定他必须全世界跑，很少能待在家里，因此，他和孩子们的关系也越来越疏远。但现在的工作又是他所热爱的，内心无法放弃。经过权衡，他不是做了一个非此即彼的选择，而是，选择了第三种方案，即只要不在家，他必定在每晚八点钟准时打回电话。说到做到，在外的日子里，不管他身处何方，也不管他正在做什么，八点一到，他必定放下所有的事情，找个安静的地方，开心地打电话回家，跟孩子们说说话。从此之后，他跟孩子们的关系大大改善了。

无独有偶，上月，我和闺蜜聊天，闺蜜说起老公和孩子的关系。闺蜜的老公是个军人，虽然他们相距也就百里之遥，然而老公也并不能周周回家，一月见一次就算是奢侈。但是，我的闺蜜说，她老公每天都要给孩子打电话，目的是，要让孩子知道有他这么个爸爸存在。因此，父子俩的关系一直非常好！

这两个故事让我非常感动。

我小时候，特别渴望能和父亲同桌吃一顿饭。读了这个故事，我突然明白，我其实是想拥有和父亲相处的一段时间。

故事中的两个父亲，他们不在孩子的身边，却想尽办法和孩子保持共处的时间。

现实中的许多父亲，尽管物理距离离孩子很近，心理距离却很远，而人和人之间的关系由心理距离决定。

拉近心理距离，需要投入时间，还需要交流的质量。投入了时间，才能谈到交流的质量。想想看，如果你喜欢一个人，你是不是愿意花时间和他相处，并且想方设法找些对方感兴趣的话题和事情呢。

今天，马老师的分享中虽然没有明明白白说故事，但是我又仿佛看见故事，那也许是把时间留给爱人的故事，也许是把时间留给孩子的故事，也许是把时间留给父母的故事，也许是把时间留给手足的故事，也许是把时间留给志同道合的朋友的故事。不管是哪个故事，这故事的主题只有一个，那就是：爱你，就是愿意把自己的时间与你分享，共度美好一刻！

程语

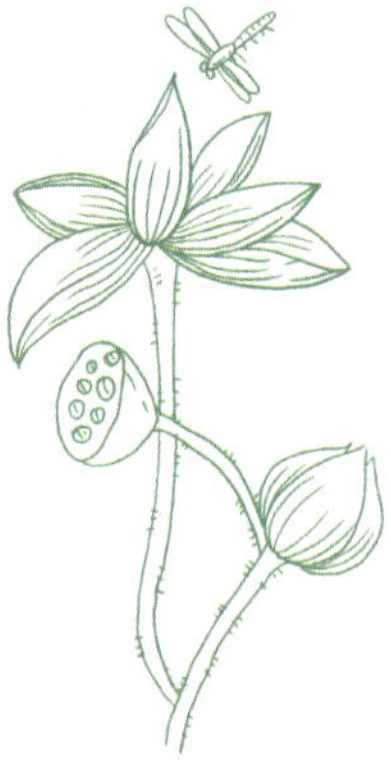

先学会温暖自己，再好好温暖他人

亲，问候早安！

开启更好的生活，从早餐开始！

今天，自己继续坚持跑步锻炼的第258天！时间35分钟，跑步4.2公里！

看见自己，送给自己和你：

今天，太累了，就休息一下！给自己放个假！

太难了，就先做点容易的事情！

情绪太多了，跟他人有关系，也跟自己的内心有关系！

今天，先学会温暖自己，再好好温暖他人吧！或许，我们彼此的关系很简单！有时，只是彼此认为复杂！其实，很简单，没那么复杂！

今天，若是脚步累了，就让身体停下来，好好休息一下吧！

若是心里累了，就让灵魂慢下来，好好放松一下吧！

若是需要一个依赖和依靠，那就先依赖和依靠一下自己！

给自己找个喜欢的地方，安静地让自己拥抱一下自己！放松地让自己温暖内心的自己！

2018，更多地学会做减法地工作和生活！

● 燕园心理：马泽中

芊芊心解 想要拥有爱，先要学会自爱

生活中，很多人不敢对自己好，但对别人好起来却毫无障碍。

丽芸长得很有气质，但穿衣的品味却显得有些落伍。闺蜜劝她多给自己添几件漂亮衣服，别浪费了天生的好资源。但丽芸却很苦恼地说：“我也知道这些道理，也觉得人生苦短，应该把自己打扮得靓丽些。但不知道怎么回事，去购物的时候，只要是给老公和孩子买，多贵的衣服我都觉得很值得，觉得他们需要穿质量有保障的、有款有型的衣服，只要看着把他们打扮得漂漂亮亮的我就会很开心。但轮到给自己买的时候，我就总是会犹犹豫豫，看上的觉得太贵了不值得，便宜的又看不上眼，真是纠结。最后就总会放弃那个自己最喜欢的，而选了一件价格便宜但没什么特色的衣服，回来之后，又觉得不好看，有时根本就不想穿。”

晓璐经常会和闺蜜吐槽老公太自私不顾家，自己觉得特别累。听多了才发现，其实晓璐的老公实在不算是爱玩的男人，他也只是在周末休息的时候才会和朋友出去聚会一下，但晓璐却不能接受。在晓璐看来，他们已经有了孩子，平常上班，周末好不容易休息，当然要尽可能的陪孩子去玩，怎么能优先考虑自己呢？所以她即

便本来有什么想干的事情，只要孩子有什么要求，晓璐就会马上根据孩子的要求来调整自己的计划，但老公却不会如此妥协，认为自己不能完全为了孩子牺牲自己。对此，晓璐就觉得心里很不平衡，觉得自己也有很多想干的事情，但为了家庭做出了很多的牺牲，而老公就太自私，心里只有自己，没有照顾她和孩子的感受，她也经常拿这样的大帽子去指责老公，导致他们经常因为这个问题发生冲突。

这样的例子还有很多。

大到前几年报道的，有一位大爷在生活上对自己的家人特别的节俭苛刻，导致家庭矛盾重重，但他却把钱都捐给了希望工程。

小到很多父母在吃饭的时候都要把最好吃的菜放在孩子面前，或者让孩子们先吃，自己吃剩下的。他们为孩子怎么付出都可以，但却不能够接受孩子为自己的付出。

……

为什么他们都对自己这么苛刻，对别人却可以好得毫无保留呢？

一、内心有很强的内疚感，过不了“自私”这个坎。

在很多人的成长经历中，对自己好、提出自己的需求会被解读为“自私”，是不被允许的。丽芸便是如此，她小时候家庭不是太富裕，所以当她想要什么的时候，父母都经常会以家庭条件不允许，养他们几个孩子已经很不容易为理由拒绝。有一个时期，班里的小朋友人手一台小霸王学习机，同学们去了总是会相互谈论，每当这时她就像一个局外人一样孤独、难堪，所以她也很想要一台，但当她提出这个要求后，又被父母拒绝了，还被父母告诫不能太自私，只想着自己的需求。这个声音逐步内化到了丽芸的心里，每当她看到自己喜欢的东西，想要拥有它时，便似乎有一个声音在说：“丽芸，你怎么可以那么轻易地就满足自己的需求呢？一个人事事满足自己，那就是一种自私。”这种声音会让丽芸望而却步，不敢去满足自己，但她又很需要被满足的那种快乐，于是她便采取了一个迂回的方式，首先去满足自己身边的人，满足自己的老公孩子，看着他们被满足，她就像自己被满足一样开心，而且不需要被指责自私，不需要面对内心的冲突。当然，还有一个潜意识的需求就是，你看我都满足了你们这么多，你们也应该看到我的付出了吧，是不是可以满足我一下了？这就满足了丽芸小时候那个一直渴望被父母认可、被父母满足的愿望。但当别人看不到她的需求时，她就会很痛苦。

所以，在这些孩子心中，满足自己的需求被定义为自私而不是自爱，这像一道魔咒一样束缚着他们的生活。

二、用对别人好的方式，来补偿自己曾经的缺失。

晓璐事事都要优先考虑孩子，是因为在她的儿时，父母工作非常忙，顾不上照管她，每当她看到其他的小朋友都和父母开心地出去玩时，就会非常羡慕和伤心。所以，在自己当了妈妈后，她就发誓一定要好好陪伴孩子，不让孩子体会到自己小时候没人陪的伤心，她也要求老公时时刻刻能把孩子放在优先地位。只有一家人在一起和和乐乐开心欢笑的时候，她就好像童年的自己被人陪伴了一样，曾经的缺失得以弥补。在这里，晓璐把孩子当成了童年的自己。

三、时刻做好人，让自己站在道德的制高点上。

还有人必须时刻对别人好，不是因为对方的需要，而是自己必须时刻当一个好人，当一个正确的人，站在道德的制高点上。这样ta就永远处于一个不会错，但可以随便指责别人的位置。那个内在的声音是："因为我付出了那么多，你们当然都没有我好，你们当然都欠我的！"

四、无条件地对别人好，往往还可能和控制有关。

很多父母无条件地对孩子好，很多伴侣把对方宠成了皇帝、公主，这很可能和控制有关。他们的潜台词是：我对你这么好，我无条件地付出，你怎么舍得离开我，怎么舍得把我抛弃。于是爱成为了控制对方的一道枷锁。

无论是哪一种，从心理学的角度来说，都是心理没有边界的表现。丽芸、晓璐都把孩子看成了儿时的自己，却忽略了他们是与自己完全不同的生命个体，有着自己的需求和生活。父母无条件地对孩子好，却让孩子无法分离，亲手折断了孩子飞翔的翅膀。伴侣中，过分地满足对方，让自己成为情感的奴隶，却无法获得真正的爱和尊重。

爱是自然的流动，只有当我们自己体会过爱、懂得爱、心中有爱，才能爱满则溢，自然而然地流向别人；只有我们知道怎样爱自己，怎样满足自己，才能真正懂得如何去爱别人。

所以，想要真正地拥有爱，就要先学会自爱！

杨莉

学会建立好的关系

亲，问候早安！你好！

今天，北京的天不太蓝，我照旧改为室内运动+锻炼！

今天，自己坚持锻炼的第202天，时间40分钟，有氧运动！

一边听音乐，一边运动……

今天，与你一起分享：

学会与自己建立关系，也更要学会与周围的人建立关系，与周围的环境建立关系。这样，我们才会更好地学会体验自己的感受，学会接纳自己的情绪，才能更好地让感受表达出来，让情绪流动起来……

很多时候，我们在拒绝亲密关系时，其实，就是在拒绝内在的自己，就是在隔离自己，就是在保护内在害怕、受伤、恐惧的自己！

一起来吧！接纳自己，从点滴做起！

● 燕园心理：马泽中

芊芊心解　了解自己才能和别人建立健康的链接

每个人都用自己的方式和这个世界链接着，并且少有改变和调整。

之前的40年，像大多数人一样，我也不清楚我是如何与这个世界建立链接的。

接受自我探索、开始对自己做全面的反省之后，我才慢慢了解到我与世界建立链接的方式。

探索之初，我很懵懂：在我和一些人的关系中，我好像处在高高在上被依赖、被信任的位置上；在我和另一些人的关系中，我很想很想依赖他；还有一些人，我们的关系仿佛很平等，彼此给予、彼此接受；还有一些人，我想在他们面前表现得更出色一些，好把他们纳入我的朋友圈；另有一些人，我根本就阻止他们进入我的世界。所以，我不知道我到底是如何与人建立链接的。

在失眠的夜晚，这些乱麻一样的"不知道"闯进我的大脑，我把它们一一文字化。

写得多了，我忽然明白：我是多元的，我有很多面，对不同的人，我会呈现出不同的面，而这些面就是我与不同的人建立链接的媒介。

当我遇到弱的人时，我会呈现强的一面给他，我给予、我保护；当我遇到强而感觉信任的人时，我愿意呈现我的脆弱，我想依赖、想索取认可和支持；当我遇到强势而又没有同理心的人时，我会远离；当我遇到一个互补型的人时，我们会彼此配合，有来有往，相互给予，彼此接受；有些人，他们身上有我想要的某个品质，我想变成他们那样的人，我就努力让自己在这方面变得优秀，好让我有资格成为他们的朋友；有些人，我不想多看一眼，因为我在他们身上看见了我对自己最不满意的那一点，我因此拒绝他们进入我的生活。

这些都是我，是我不同的面，我需要把他们一一认回，平等相待。

于是，和弱的人相处，我尊重、理解、不越界；和强的人相处不卑不亢；和关系对等的人相处，会更舒服、更滋养。遇到我欣赏的人，我无须默默努力先变成他那样的人，我可以坦然表达：我喜欢你，想靠近你，我可以用怎样的方式靠近你呢。对于我拒绝的人，我首先放弃我的拒绝、放弃我的不接纳，同时努力回看自己。

放弃我的拒绝、放弃我的“不接纳”，并不意味着我接纳了他，而是我尊重了他生而为人的存在形式。我不知道，在他的生命里，他曾经经历了什么，使得他成为现在的样子，但我知道，一定是有原因的。我越对他的生命状态保持尊重不评判，我就越能在心理上做到不排斥不亲近，不浪费时间好奇“他为何会这样”，而是，需要相处时就自然地相处，不需要相处了，他就不在我的生活里。因此，我既尊重了我自己，也尊重了他。

因为对自己的深入了解，我在和别人的链接里少了一些评判，多了一些爱，多了一些慈悲心。如此，世界会回报给我爱，回报给我慈悲心。这才是健康的链接方式。

程语

今天，你好好爱自己了吗

今天，问候早安！

今天，挂单，休息！

每天看见自己，喜欢自己，好不容易哟！很多时候，太容易被外界的他人他事所扰动，有很大情绪及压力，焦虑甚或愤怒！

那就好好地多多喜欢自己，好好地多多与喜欢自己的人在一起，好好地多多做些自己喜欢的事情！

其实，世界很大，真的不必执着于一人一事一物的执念！执念太深了，就是孽障！

今天，休息一下！做个放松和喜欢的那个自己！多在喜欢的地方玩！多做喜欢的事情，多与喜欢自己的人在一起！

今天周日，祝福周日上班或加班的你，开心就好！工作为了自己，自然而然面对！

• 燕园心理：马泽中

芊芊心解　爱自己其实很简单

在这个时代，“走自己的路，让别人说去吧”“为自己而活”“好好爱自己”这样的话似乎成为时代的宣言，随处可见。可究竟有多少人真正懂得爱自己，又该怎样去做呢？

记得马老师分享过一段和学员的对话。

马老师：你的爱好是什么？

学员：旅游。

马老师：那你今年都去过哪些地方呢？

学员：呃……好像，一直在忙，没有去过哪里……

……

马老师：大家平常都会做些什么运动？

学员：会去游泳。

马老师：一周去游几次？

学员：呃……其实一年也游不了几次，总是没时间……

这个分享给我的印象特别深，因为那一刻，突然有一种醍醐灌顶的感受，原来好好爱自己可以这样简单、这样具体。

那为什么我们都知道要好好爱自己，但真正做到的人却很少呢？

也许很多人像当时的我一样，并没有真正理解到，爱自己的内涵原来是，要去活好每一个当下，在每一个平凡的日子、普通的细节中好好爱自己，而误以为只有获得一种真正的、持久的快乐，比如只有当心里的疙瘩彻底解开、问题彻底解决、困难彻底消失，才能够去享受快乐，才能开始好好爱自己。这样的想法会导致人在生活中就像一个消防队员，关注的都是各种麻烦和问题，一旦发现苗头，就马上忙于灭火，甚至还要去处理尚未发生的、潜在的危险，好让自己的生活处于一种绝对安全的境地，但却忽视了彻底消灭对未来的焦虑是不可能的。生活其实是每一个当下汇聚而成的，要在每一个普通的日子里更好地生活，学会更好地照顾好自己，这才是真正地爱自己。

还有，很多人之所以一直不快乐，不能好好爱自己，则是因为想得多、做得少。有很多想法，却都不想办法实现，想法就永远不过是一个幻梦和遗憾，这样不断重复就会让自己更多体会到无能为力的感觉。也许我们会找很多理由，工作忙、没有钱、还有很多其他更重要的事情要做等等，但无论找多少理由，最根本的一点其实都只不过是我们认为自己的事情、自己的心情没有其他事情重要，所以我们不能为它花费时间和心血，而这实质上是在说，我没有那么重要！这时自己的内心就会处于一种矛盾中，一方面渴求满足，一方面又觉得自己不值得，总有比满足自己更重要的事情要去做。或者觉得自己无力去满足自己，而期待着别人来满足自己，就在这样的等待中，感受着自己的无力、懊悔、焦虑、烦躁等等。

而那些快乐的人，他们并不是生活就有多平顺、简单，并不是内心就没有纠结，而是他们在纠结中、在困境中仍然能够看到自己的心，看到自己内心的需求和渴望，也深深明白，只有让自己的心得到适当的满足，才能以更好的状态投入到现实艰难的生活中去。同时他们也更加清楚没有人比自己更了解自己，好好生活的责任只能由自己来承担，而不是等待着别人来满足。

爱自己，其实并没有那么的困难和抽象，就是把一件件具体的小事情付诸实践，给自己一个个的小满足。

所以，多去做一些自己喜欢的事情吧，每天给自己一个小满足、小收获。

如果喜欢游泳，就每周给自己留出一些专门的时间去游泳，真正让它成为自己的爱好，去陪伴自己。

如果喜欢旅游，就不妨多出去走走，并不在乎远近，只在于留出一些专门的时间和空间，来滋养自己的身心。

如果喜欢一件事，就不只是停留在嘴上，而是把它变成行动、变成爱好、变成自己生命的一部分，让它可以来陪伴自己的心灵、滋养自己的生命。

我很喜欢马老师的这个分享："多在自己喜欢的地方玩，多做喜欢的事情，多与喜欢自己的人在一起！"

人生不易，但其实，爱自己就是这样简单！

◎ 杨莉

你，才是我的骄傲

亲们，早安！问候自己！

今天，生活愉快！

今天，自己坚持锻炼的第209天！时间40分钟，5公里运动！

今天，迎着冬日黎明的跑步体验，感受冬天早晨的第一缕阳光……

今天，与你一起分享昨天的一点心得：

昨天女儿说：爸爸，我觉得你做事情，要先做很重要的事情，再做不重要的事情……

我很惊讶，问她：谁告诉你的哟？

女儿回答：没有人告诉我，我自己想的……

我顿时觉得，我身边的这个人，或许才是这个世界中最值得我骄傲和自豪的价值源！

感恩我的生命中有了你！

● 燕园心理：马泽中

芊芊心解　家的味道

马老师和女儿的对话让我想到四个字：家的味道。

每个家都有每个家专属的味道！

有的家温暖，有的家冷漠。

有的家慵懒，有的家勤俭。

有的家民主，有的家专制。

有的家谈天说地，有的家沉默不语。

有的家欢乐祥和，有的家暴力相向。

……

不管是哪种家，作为小孩子，都会全盘接受并适应这个家的味道，并且，长大后，你会不自觉地复制这种味道到自己的小家里。原因很简单，因为你只熟悉这个味道，你只发展出了应对这个味道的方法，你也只会制造和使用这个味道。

如果原生家庭的味道比较宜人，那么，复制这种味道就好了。

如果原生家庭的味道不那么宜人，该怎么办呢？

我原生家庭里的味道是沉闷、古板、勤俭、缺乏幽默感和生命活力，甚至充满孤独、冷漠和暴力，那非常非常不宜人。

小时候，我最渴望的是，我的父亲也能像别人家的父亲那样，可以和孩子说说笑笑。可事实是，每当父亲回家，我们就像老鼠见了猫，赶紧各自找个安全的地方躲起来。

这个家的味道并不吸引我，我想远离这个家以及这个家带给我的味道！

可是，在物理距离上，无论我离这个家有多远，我都带着这个家的味道在行走。

我是沉闷、古板、不会玩乐的，我是勤恳、节俭、不会享受的，我是缺乏幽默感和生命活力的，我用忙碌填充生活以避免体验孤独，我用冷漠来保护自己不受伤害，偶尔我还用暴力（吵闹）来展示我的力量，来确保我不被欺负。

我把这些带到了我的小家，直到我偶然遇见了一个人，并因此遇见了心理咨询，走上自我探索之路！

我在心理咨询师的陪伴下，探索我和世界的关系，探索自己和原生家庭的关系，探索自己和自己的关系，探索我自己身上的味道！

渐渐的，我明白了，我原生家庭里的味道混合了时代的因素（集体潜意识），那些味道曾经是父母和父母的父母用来保护自己的有效手段。

冷漠不是不爱，而是在面对严酷的生存环境时，只有咬牙把爱冻结起来，才能保证活着的人活下去，这是一种自我保护策略。

勤俭是在资源短缺时，在没有其他人帮助的情况下，让生活维持下去，让人活下去的一种策略。

沉闷不是不想说，而是内心的话不知该如何说。

吵闹让人讨厌，但这就是不善言辞的父母的一种交流方式，他们用吵闹确认彼此在对方眼里的重要性。

真正理解了这些，我也理解了自己、理解了父母、理解了这个家的味道。

读懂了这些味道背后的意义，以及背后的深层渴望，我开始尊重这些味道。

无需否定这些味道，只需加入一些新的味道，让新的味道慢慢去稀释旧有的味道。

再也无需担心生存问题，我可以把包裹得紧紧的心安放在心该在的位置，让爱从心里流淌出来，去玩，去爱，去创造。

我的味道在改变，我家里的味道也因此改变！

程语

人生如戏，演好自己就足够

亲，早安！

今天周日，祝福周日上班或加班的你，开心就好！工作为了自己，自然而然面对！

今天，自己继续坚持跑步锻炼的第260天！时间30分钟，跑步3.5公里！

今天，看见自己：

今天，踏着黎明，迎着希望，跑出未来！

自己过好普通平凡的今天，今天就是有意义和价值的一天！

今天，与其感叹他人把生活过得如戏一样精彩，不如去发现，其实，自己的生活已是如戏如实地在真实上演。难么？要演他人难，或许，演自己更容易，也更好！其实，今天，演好自己就好！

今天，自己的生活无论是个人独奏曲，或是多人的交响乐，都需要用心演好当下自己手中的生活！因为此时的自己就在台上，选择了，就无需替代，也无可替代！

一起奏响自己今天生活的乐声！用心来演绎生活中跳动的每一个音符！其实，自己生活的精彩和丰富，是需要自己来演奏和演绎的！

今天，让自己自然而然地登场，自然而然地做好自己，活出自己想要的生活！

● 燕园心理：马泽中

芊芊心解　在普通平凡的日子中活出自己的精彩

在很多人心目中，“精彩”二字和自己的生活是不沾边的，自己的生活顶多算得上是在养家糊口、疲于奔命，或者说，也就是在努力活着、尽量活好而已。而只有像马云、邓文迪、屠呦呦这些光鲜夺目的成功人士似乎才配得上“精彩”二字。他们或是家财万贯、事业有成，或是成就突出、万众敬仰，亦或是个性洒脱、勇于追求。总之，都把自己的生命活出了不一样的颜色、璀璨多姿。

这样看来，普通人的生活就像一张简单的黑白照片，没有什么特别之处；而那些成功人士的生命却像一副色彩丰富的油画，让人忍不住多看几眼。

可我们大多数人毕竟都是平凡的普通人，我们也希望自己的生命可以丰富多彩、无愧于自己的一辈子。难道我们的生活就不能充满色彩吗？

闺蜜的妈妈就是一个普通的工人，但性格爽朗、对生活充满了热情。退休后，她并没有让自己闲下来，反而给自己报了老年大学的课程，参加合唱队、参加模特大赛，经常到各地演出，忙得不亦乐乎。在闺蜜的朋友圈中，她妈妈是这样的：大红的围巾、婀娜的旗袍、和姐妹们开心旅游自拍、认真对待每一个表演，浑身都充满了生活的激情。闺蜜都开玩笑地说：“退休后，我妈妈彻底放飞自我，都成了个戏精了。”这难道不是一种精彩吗？

每天早上出门上班，都正好碰到小区外的大爷在清扫，不管数九寒天还是炎热暑夏，每天都能听到大爷边扫边唱着我们当地的梆子戏，一板一眼、很是投入。每当这时，我都会心生一种感动，清扫的工作我们都觉得不是什么好工作，冬冷夏热、又脏又累，何况大爷的年龄已高，如果家境不错肯定应该是在家安享晚年了，可他还在坚持做这样一份辛苦的工作，并没有愁眉不展，而是让自己天天有喜欢的戏曲陪伴，这种快乐让我不由得也会备受鼓舞，想要努力活好自己的每一天！这难道不是一种精彩吗？

这种普通而平凡的精彩，虽然没有那么荡气回肠、轰轰烈烈，但却真实、平淡、温暖、自在，散发着一种浓浓的烟火气息，让我们可以沉浸其中，与之同乐、甘之如饴。

并不是成功的人生才有精彩，我们普通人照样可以活得出彩。就像《新相亲时代》有一期节目中的女主角——香港女孩朱千佩，就着实活出了人性的精彩！

走上这个舞台的大多数女孩都会把自己装扮得漂漂亮亮、惹人喜爱，这种装扮不仅是外表上，也会包括包装自己的个性，甚至有时在面对一些好的资源时，会放弃自己的个性来委曲求全。但这个女孩却坚定地坚守着自己的初心——喜欢做一个搬运工，而且不打算为了别人而放弃自己喜爱的这份工作。当她介绍完毕，全场哗然，因为大多数家庭虽然很欣赏这个女孩，但却仍然无法接受自己的恋人、儿媳是一个搬运工，很多人表示如果她可以放弃这个工作，就会很完美，但这个女孩儿却非常坦然、沉着、礼貌地告诉大家，这是她真心喜欢的工作，不会轻易放弃，并不以此为耻，也不觉得辛苦，她只是不想赚快钱，想让自己凭借自己的努力吃饭、做自己喜欢的事。那时的她活出了我们很多女人不敢活出的自信、独立，成为那个舞台上最耀眼的一颗明星。这又何尝不是一种精彩！

再想到自己，也是一个普通人，从小按部就班，上学工作、结婚生子，稳定的工作、稳定的生活、稳定的日子。有一段时间，我特别讨厌自己的生活，觉得它稳定得就像一只老得快要走不动的大笨钟，沉闷而无趣，觉得找不到生活的方向，好

害怕自己一辈子就这样度过，真是要空留余恨了。越是这样，越是会羡慕别人的生活。那时羡慕的名目可真称得上是花样繁多。

别人生了双胞胎，我好羡慕，觉得如果我要有这样两个孩子，一辈子什么都不干都可以称得上英雄母亲了。别人被提拔了，我好羡慕，觉得自己怎么这么平平庸庸的。别人辞职了去干了自己喜欢的事情，我好羡慕，又埋怨自己怎么老是这么优柔寡断，什么都做不成。

人在这样的比较中，就会越来越焦虑，越来越无力，越来越否定自己。终于在接触了心理学后，我慢慢地认识到自己之所以陷入这样的困局，就是因为不断比较，羡慕别人太多、肯定自己太少；想得多做得少，导致生活一直在原地打转。

其实我们每个人都可以通过努力去过自己想要的生活，不一定轰轰烈烈，不一定一下子可以达到目标，但只要持之以恒，行动起来，就可以让自己的生活每一天都在加分、每一天都在丰富，每一天的阅历都在增长沉淀，就可以离自己想要的生活越来越近，这种不懈的追求本身就是一种精彩。

就像我，终于找到了自己喜欢的心理学。虽然当下由于有很多限制，我不一定可以马上成为一名非常好的、有名的咨询师，但我想世界上所有困难的事情也是敌不过“用心”和“重复”二词的，只要不断努力，5年后、10年后呢？我总会离自己的目标越来越近。所以，为了达到这个目标，不管每天多忙，我都会坚持看一会儿专业书；经常东奔西跑的去上各种课程来提升自己；用心地做好每一个个案、认真地记录反思；就像现在这样坚持写作，尝试着写下自己的认识和感悟；还要坚持锻炼来保证自己的生命活力。就是在这样的行动中，我越来越看到了自己生活的方向，看到了自己的未来和希望，体会到一种发自内心的愉悦和自信，我的生命也因此变得精彩。

所以，我们虽然生为普通人，但仍然可以做一些什么，让自己在平凡的生活中活得更加精彩。也许那只是多了一个爱好，让自己沉闷单调的生活更丰富；也许只是多了一份努力，让自己的前景多了一分光明；也许只是多了一个坚持，让生活多了一种可能性；也许只是多了一份忍耐，让自己变得更坚定。不管怎样，我们生而为人都有权利活出属于自己的精彩，也都有能力活出属于自己的精彩！

杨莉

找到对的人，滋养自己

亲们，早上好！

今天，周五啦！需要回顾和反思：本周的自己，都做了些什么？还能想到哪些对自己有积极意义的事情？

今天，自己坚持锻炼的第212天！时间40分钟，5公里运动！

今天，有些冷！分享一下：

自己在不同的时间、不同的地点，总会遇到不同的人，找到那个在此时此刻此地，对自己有帮助、有影响的人，来更好地滋润自己的内心，来更好地丰富自己生命的体验，让自己内在的生命更加具有活力！

● 燕园心理：马泽中

芊芊心解　遇到对的人，相互滋养

好的关系，需要对的人。

对的人，可以相互滋养。

滋养就是，当你呈现缺失，我就端来滋补的汤剂；当我呈现缺失，你就端来滋补的汤剂。或者，我们共煮一锅美味营养的汤品，你添你的料，我加我的料，我们添加的料加起来大于二。

你是对的人，你才会遇到对的人。灵魂相似，彼此扶持，彼此鼓励，共同走一段滋养之路。

这种滋养，有时是志同道合，有时是相似的愿景，有时是观点碰撞，有时是默契，有时是鼓励支持。不管是哪一种，都会滋养到你。

人的一生，在不同时间、不同地点，总会遇到不同的人，给到你不同的滋养。找到那个在那时那地对自己有帮助、有影响的人，来滋润自己的内心，来丰富自己生命的体验，让自己内在的生命更加具有活力！

我的前半生，遇到过许多帮助过我、影响过我的人。

他们是给过我鼓励的老师、前辈和领导们，比如提到我就很开心的贾老师，总是夸我的英语老师，总是念我作文的宁老师，总是宠着我的李老师，总是边批评边教我们学习方法的袁老师，解答我人生困惑的张老师，给我工作建议的领导们，他们就像接力一样，把我从这一站送到下一站。

他们是一起玩耍、一起分享秘密、一起冒险、相互陪伴、相互见证彼此生活的同学们，他们是工作和生活中给予我帮助的同事们。那些场景，细数起来历历在目，原来我也被这样的许多段同伴关系如此地滋养过！

他们是以我的舅舅、姨妈、姑姑、伯父们为代表的重要亲戚们。小时候，我想去谁家住一阵子就去谁家住一阵子，现在想想，那种被温暖包容和接纳的感觉，真好！

在我进入不惑之年时，我遇到了一个心理领路人，她带我走入了心理行业，开启了我遇见一批又一批心理人的旅程。

这些心理人中，最滋养我的人是作为心理咨询师的马泽中老师。

我长大的过程中不缺物质缺情感，所以，长大了的我也缺少理解、支持、陪伴他人的情感能力。在咨询室里，我把理想父亲的形象投射给了马老师，小心翼翼地试探他的反应，他也像个理想父亲那样，当我觉得自己做得很不好的时候，他并不批评我，而是恰当地包容我、支持我、鼓励我。

有人说，做咨询的过程就是被重新养育一遍的过程，我深以为然。

被理想父亲重新养育，我身上穿着的那厚厚的盔甲开始融化、剥落，慢慢显露出那个最真实的自己。在理想父亲的潜移默化中，我补上了情感能力这堂课，学会了自己滋养自己，然后去滋养周围的人，去到通往爱的方向上。

如今，我行走在这条心理道路上，遇见更多像我一样的伙伴，我们彼此陪伴、彼此见证、彼此理解、彼此鼓励、彼此支持，而这就是彼此滋养的过程。

遇见对的人，相互滋养。

感恩遇见！

◎ 程语

自己，才是关系的原点

亲，周一早安！

开启更好的自己！今天六点钟，一大早起来，一路开车到北京西站接人去了哟！

今天，看见自己：

有人需要接，有人需要送，生活就是在接来送往的过程中，维系着彼此的关系！

工作生活中，有些人走了，有些人来了，有些关系远了，有些关系近了。蓦然发现，自己才是关系的原点，这些关系都是一个动态变化的过程，而非静止状态！

世界很大，关系很小！内心很大，自己很小，看见自己和关系的关系！

今天，学会驾驭复杂关系的能力！

● 燕园心理：马泽中

芊芊心解　人生脚本

学习心理学以来，听到的生命故事多了，就会有一种深深的感受：一个人想要跳出自己固有的模式真是太不容易了。很多时候，你自以为自己已经发生了很多改变，但不久却会发现，其实你还是在曾经的模式中打转。

这会让我想到《西游记》中大闹天宫的孙悟空，他和如来较量时，认为自己轻松就可以到达天边，结果却还是没有翻出如来的手掌心。很多人把这解释为命运，心理学称它为人生脚本。人生脚本，其实就是我们在生命早期形成的一些固定模式，它就像一个人的人生的剧本，我们不由自主按剧本演出了自己的人生大戏。

梅对于强势的人总是有一种不由自主地讨厌和反感，也有一种特别想要去战斗的感觉，哪怕对方说的话其实和自己无关，这对她的人际关系产生了很大影响。

朋在外人面前总是一种老好人的样子，大家都很信任他，但他自己却很痛苦，觉得自己和任何人都无法走近，每当他看到别人之间的亲密举动，挚友之间的亲密交谈时，他就会有一种很受挫的感觉，觉得自己嘴笨、不会说话、不会沟通，导致了自己今天这样不善交际。

梅和朋都很痛苦，他们也努力想办法去改善自己现在的状况。梅不断地告诉自己是因为自己的脾气太不好，以后要收敛一些，要向别人学习舍得付出，这样身上就不会有那么多刺了。朋也经常会创设一些饭局想让自己多一些机会和别人沟通、拉近关系，但却发现经常花了钱，但别人聊得热火朝天，自己还是插不上嘴，就像被遗忘了。

他们的改变失败了，这是因为真正影响他们行为的，很多时候并不是外在的当下这个人，而是他们内心的剧本，内心的感受。这些感受是在曾经的成长过程中千百次的和人互动所留下的，深藏于心，形成了对某些特定的人、特定的场景的强烈反应。长大后，再遇到类似的人或场景，就会把这些感受投射出来，呈现在当下的人际关系中。我们就像看电影一样，在当下的故事中重新一遍遍体验着过往的感受。

梅之所以对强势的人既反抗又恐惧，来源于她的妈妈曾经给她留下的感受。梅一直觉得妈妈是一个控制欲特别强的人，从小严格管束她，什么都必须按妈妈说的做，这让她很不爽，很想去反抗，但对于曾经遭受到的惩罚又有一种发自内心的恐惧，这些感受被泛化到了她后来和领导、权威的互动中。

朋回想起自己也有一个控制欲特别强的爸爸，在家里，爸爸是绝对的权威，大家都必须听他的，不能有任何反抗。小时候，爸爸经常要求他回答各种问题，表达自己的观点，但不管他表达什么，爸爸一定会指责他思考不周密、学识不够广，然后给他做出各种修正。这让他后来非常恐惧表达自己，用一堵墙深深的封闭起自己的内心，但这却直接影响了他人际的亲密感。

可见，虽然我们没有意识到，但其实每个人心中都有一套自己的人生脚本，这套脚本就是我们心理学上所说到的每个人的内在关系。

什么叫内在关系呢？

内在关系指的是在每个人内心深处都有一个他体验到的和外在世界、和别人的关系。这个关系是一种非常主观化的感受，也许和客观现实符合，也许不符合，但真正影响一个人的，实际上并不是外在的客观现实，而是这个内在感受。

比如一个青春期的孩子突然和父母的关系变得非常恶劣，他感觉父母是不理解自己的、是专制的、不在乎自己、不关心自己的，这时，他的父母在他的内心中变成了一个全坏的角色，他和父母之间的关系也变成了一种很坏的关系，但这可能和事实完全不相符，他的父母有可能是非常关心他、为他做了很多事情，但这并不能改变这个时期这个孩子的内在想象。所以，他的行为开始变得非常对抗、非常叛逆。这说明真正影响人更多的是他的内在世界。而如果这个内在的世界长期稳定在一种感觉上，这就构成了一个人的人生脚本。

例如，有的人感受到这个世界是友爱的、安全的，他就会更积极地走向这个世界；有的人认为外界处处充满了危险，他就可能在有了孩子之后，对孩子过度保护甚至控制；有的人在内心一直感觉委屈，觉得都是别人欠自己的，他就会不由自主地在生活中不停地抱怨、索要；有的人内心更多感觉到如果自己不优秀就会很危险，于是他的生活中就会处处要强、不敢有丝毫放松。

那这个内部关系又是怎么形成的呢？

就是孩子在成长过程中，不断地和外在世界、外在客体互动的过程中逐步形成的，特别是在生命早期，一个孩子和父母的互动关系的感受会成为他今后内在关系的基础。

所以，如果我们想要改变自己的人生脚本，实际上就是一个改变自己内在关系的过程。

那这个内在关系又如何改变呢？

这就需要我们在现实中不断地和人进行真实的互动，让自己有一种不同的新感受，新感受不断进入，逐步冲击削弱过去的旧感受，形成一种新经验。这种新经验不断地累积，就会逐步改变内在的感受。

当然这个过程也不是那么顺利，最困难的一点就在于我们在互动过程中，内在感受会直接影响我们和外在世界的互动方式，所以这实际上是一个发出钩子的过程，而它会吸引相关的人用我们发出信号的方式来和我们互动，就完成了一个上钩的过程，这在心理学上就叫投射性认同。

比如，一个认为自己以前备受欺负的女孩儿，她就会不断发出信号告诉大家“我是一个特别委屈的很容易受欺负的人”，就会吸引一些人来到她的身边，用她熟悉的方式来对待她，让她更加加深自己是一个容易被欺负的人的这种意识，这就叫强迫性重复。

所以，这个过程的修正其实是不容易的。

这需要我们首先要对自己的内心有个觉察，知道自己在玩什么样的游戏，然后再慢慢调整自己的游戏方式，用新的方式来和外界互动，使得外界也用新的方式来和自己互动，不断形成新的经验。这就是一个不断内摄—投射—内摄的过程，逐步完成了经验的更新，而这也是我们在咨询中的主要工作。

例如，还是这个容易受欺负的女孩，如果她能有一定的心理学知识，对自己的内心游戏有所觉察，她就会明白自己在玩一个受害—被害的游戏，她就知道要想纠正这个游戏，首先要自己对自己好点，要有界限，在自己不舒服时要敢于表达、要制止对方的行为，这样她就形成了新的和外界的互动方式，别人也会用更加尊重的方式来对待她，她的内在感受就会逐步改变，形成自己新的人生剧本。但因为内在游戏非常微妙，如果大家在这个过程中有困难，也可以寻求专业的心理咨询师的帮助。

从这个角度来说，人的改变其实是内在感受的一种改变，是一个人慢慢发现自我、认识自我的一个过程，也是内心各种感受慢慢整合的一个过程，需要我们慢慢来，不要急！

杨莉

陪伴你自己

亲，早上好！新的一周开始啦！

今天，自己坚持跑步锻炼的第236天！时间25分钟，跑步3公里！

测试一下，每公里7~8分钟吧！

今天，分享一下：

今天，开始新的一周。坚持的意义，自己看见自己，自己陪伴自己，跑过冬天，迎来新的春天！

喜欢冬天的感觉，有些想念那年一起到雪乡的日子啦！一起来拥抱冬天，因为冬天的寒冷，才会感受冬天里太阳的温暖吧！

今天，一起努力加油吧！跑起来！

● 燕园心理：马泽中

芊芊心解　用心陪伴

对陪伴的需求，贯穿人的一生。

幼儿需要高质量的陪伴，因为这陪伴是用来传递安全、温暖、看见、支持和“你很好、你很重要”的信息的。

高质量的陪伴要的是走心，而不只是人在身边。

作为妈妈，走心的陪伴是：我全情投入，跟随你、回应你；看你蹒跚学步，专注玩耍；捕捉你跌倒又爬起来的每一个表情、神态；听你诉说运动时的畅快淋漓、高兴时的雀跃心情、伤心难过时的哽咽落泪、畅想未来时的意气风发……我用心地感受你、理解你、肯定你、认可你、支持你，给你的心里种上一颗“我很好，我很重要”的种子，等你长大了，你也更能感受到周围人的理解、肯定、认可和支持。

作为伴侣，走心的陪伴是：周末陪你去玩，玩既是目的又不是目的。重要的是，去玩的路上，支好耳朵，听你唠叨一周发生的事情。因为我知道，此刻的你需要用这种方式释放一周积攒的压力，而我只是个道具，做到左耳朵进右耳朵出就好。

作为朋友，走心的陪伴是：我懂你的内心需求，满足你的内心需求，也创造机会，让你满足我的内心需求，你我皆欢喜！

作为已成年的孩子，走心的陪伴是：我看懂了你用一生在说的那句话，我放下我所有的期待，去听、去应和你说的那句话。

作为我自己，走心的陪伴是：用成年人的自我去陪伴内心那个小孩子的自我，去倾听那个小孩子的心声，去爱她、抚慰她。

据说，陪伴是最长情的告白！

一路走来，你陪伴的每一个别人，又何尝不是你自己呢？

当你对陪伴对象不耐烦时，问问自己，可曾被用心陪伴过。

用心陪伴每一个人，其实，那也是在用心地陪伴你自己！

◎ 程语

人生，是自己的事

大年初五，早上好！台湾清境，初升的太阳！

其实，昨晚做梦，梦中也有经历一次真实的微震哟！早晨被窗外的鸟鸣叫醒来，发现太阳依然照常升起，大自然依然爱着你，那就继续开始跑步吧！

这几年一直喜欢游历世界的感觉，更多喜欢的是在游历过程中的所见、所闻、所感，也更是享有和喜爱那种在游历过程中真实的经历感，享有和喜爱在每一次游历中真实经历的人与事，这些都会给自己更深的与大自然的链接，与这个世界的链接，与自身生命的链接！

人生，一路走来，越来越真实地觉得：

人生，其实是自己的事，不是他人的事！

世界，其实是自己的世界，而不是他人的世界。

其实，自己的世界才是自己的，更加无关于他人的事！

越来越多地觉得：

对于他人，那还不赶紧放下，放下别人，关注好自己！

对于他人，那还不快点接纳，接纳别人，活好当下的自己！

今天，看见更好的自己：坚持锻炼的第296天！坚持锻炼时间55分钟，海滩徒步走3.5公里！

● 燕园心理：马泽中

芊芊心解　这一世，我会好好爱自己

阳光明媚的早晨，我走进阳台，打开窗子，一股清冽的空气扑面而来，让我忍不住做了几个深呼吸；迎着逐渐铺开的朝阳，我伸了几个懒腰，活动一下筋骨，转身到厨房开始准备今天的早餐！

煮蛋、打制养生糊、煎了几个燕麦玉米菠萝饼、准备好小菜和水果，今天的早餐准备结束，种类齐全、营养丰富。美好的一天从一顿丰盛的早餐开始了！

不知什么时候，我开始学会了这样好好地爱自己：早早睡觉，哪怕一个人也要好好吃饭，节制自己的情绪、想方设法让自己开心，再急的事也慢慢做，实在为难的事情就不再让自己承受……这样的我越来越轻松、越来越快乐、越来越自信，对生活充满了希望，因为我觉得我可以照顾好自己。

可曾经的我并不是这样。

曾经的我就像一个美丽而脆弱的洋娃娃，善良却有一颗玻璃心：我渴望人与人之间的温暖，我愿意为了别人付出，同时又对别人有很高的期待，希望他们能无微不至地关心我、呵护我，我觉得这才叫爱，我给你、你给我，根本不懂，自己也可以好好爱自己，自己也可以好好照顾自己。

那时，我可以不辞劳苦地为别人准备很丰富的美食，看着他们吃得不亦乐乎，我就很开心。那时，他们的满意就是我最大的开心，我却很少去想自己喜欢什么。

那时，不开心了，我会急切地盼望有人来关心我、呵护我，似乎只有他们的宠爱才能把我从痛苦中解放出来，而我自己却什么都做不了。如果有人哄我，我就会马上破涕而笑、心情大好；如果没人管我，我就会让自己陷入更加糟糕的心境，自怜自艾，或者埋怨别人不关心我。但没有人可以随时去呵护另外一个人，这使我经常会在关系中受挫。那时，我根本不懂得，人要自己让自己开心，自己让自己舒服，而不是把幸福建立在对别人的依赖上。

由于在乎别人的爱和评价，这使我总是希望自己可以做得让别人满意。

我会为了加班而熬夜，就是为了不让领导说出一个不好；我会在自己很疲惫的时候仍无法拒绝别人的要求，就是为了不让别人对我不满意；我会在穿一件衣服时也要考虑很久合适不合适，就害怕别人会说不好看。那时的我完全活在别人的眼光中，非常累。所以，很多时候我不愿意走出家门，和别人有过多的交往，因为只要在人群中，我就会在意别人的看法和目光，这让我经常处于紧张状态中，身心特别容易疲惫。连去医院做理疗时医生都会告诉我，我的肌肉处于紧张的状态，不能自然放松。那时，我记得自己经常好羡慕猫咪的生活呀：什么都不用干，也没有这么多的烦心事，只要躺在阳台上晒着暖洋洋的太阳、安静地趴着，多幸福啊！

但幻想不会取代现实，逃避也无法解决问题。做学生时也许还可以躲在自己的小世界中，但成年人的生活却从来没有那么简单。我开始在关系中屡屡受挫，这不断地影响着我的心情。

幸好我天生有着一种生命的韧性，不允许自己的生命在这样的痛苦中蹉跎，我一定要解决这个问题，让自己过上幸福的生活。于是，我开始到处寻找答案，就这样走进了心理学的世界，开始为自己的命运去寻找一个新的方向。

我开始了解到自己的这个状态和曾经的成长经历有很大的关系。

每一个孩子都渴望得到父母的爱，年少的我也一样。当看到哥哥因为倔强经常受罚后，我就自动形成了一个讨好的模式来寻求父母更多的关注。我则成了一个他们喜欢的洋娃娃，听话、乖巧、善解人意、不敢提出自己真实的要求，而他们当然也对我呵护、宠爱有加。就这样，我慢慢形成了一个乖乖女、洋娃娃的模式，拒绝长大，试图用听话的方式来得到爱。

长大以后，我依然用这样的模式去和周边的人相处，可别人却不会都像父母一样喜欢这样儿童化的我。他们也不需要一个听话、讨好的我，更不会因为我的讨好就来对我好。所以，我经常处于一个讨好了却得不到回报的状态中，心理日益失衡。再加上我又不会爱自己，不敢自己给自己做主，这让行走在成人世界中的我，经常有一种童话故事中一个孩子行走在巨人国的感觉——感觉自己非常幼稚。我对自己越来越怀疑，我也越来越自卑。

就在这时，我遇到了马老师，开始走上心理学的学习道路。他开始带领着我一步步成长，一点点教会我怎么去为自己做决定，怎么去好好爱自己。在我们的互动中，他给了我充分的空间，让我去尝试生命中的一切可能性。他不会为我去做任何

决定，也不会评判我做的是对还是错，总是告诉我：“你可以的，你完全可以自己去试试。”在这个充分的空间里，我才慢慢知道，原来世界上的事不只有对错，还有一个更重要的标准是：你的心意是什么，你想怎么做。我开始慢慢地学着去尊重自己的心意，而不是判断它的得失。在这个过程中，我慢慢学会了发现自己、理解自己、满足自己。

在这个成长的过程中，有时候我会走得很慢，甚至走着走着就坐下不想走了。因为成长的道路并没有那么一帆风顺，经常会让我感受到挫折，强大的惰性也会让我想要拒绝长大，想要做回那个洋娃娃。每当这个时候，马老师就会停下来等等我，他总是站在离我不远也不近的地方，既让我感到安全，又不让我依赖，等待我恢复力量，再自己站起来去走。

在这个过程中，他不断让我认识到，我可以自己照顾好自己，我有这样的能力，也有这样的义务，我的生活是我自己的，任何人都不能剥夺也不能替代。他鼓励我去做各种尝试，让我体验成功后的成就感，让我对自己越来越自信，越来越相信可以依靠自己的力量去生活得很好。我的内心清晰地感受到一个软弱、依赖的小女孩儿正在长大，一个充满自信、充满生命力、渴望走出去探索世界的独立女性正在觉醒。

我清晰地听到自己内心的声音：“这个生命是你自己的，你一定要自己来主宰自己的命运，自己照顾好自己！”

从此，一个人时，我也会好好地为自己做饭，而且会加上很多精彩的小心思，为自己做出很多不同的花色和惊喜，对我来说，饭不再是单纯用来填饱肚子的，更是我对自己的喜爱、对生活的热爱。

吃饭的时候，不管有多忙的事，我都会尽量让自己慢慢地一口一口把它吃完，因为我希望照顾好自己的身体，她是我最宝贵的资源，值得我如此用心呵护。

心情不好时，我也不会再像过去那样饮食不规律，反而会更加注意，好让自己有力气从不快中恢复过来。原来也许我会沉浸在自己的痛苦中，让情绪蔓延，但现在我会寻找让自己开心的方式主动地调整自己：找朋友聊聊天、去看场电影、买一件小礼物抚慰一下自己、去大自然中跑个5公里，这些自己呵护自己的方式都让我身心愉悦、开心不已。

面对成堆的工作，无论多么繁杂，我都会让自己慢下来，慢慢做，不时地休息一下，这让我反而减少了过去的烦躁和焦虑。

对于自己喜欢穿的衣服，不再会去在乎别人的眼光，而更会考虑自己的心境。我会把自己想象成一道彩虹，彩虹般的女人就应该有不一样的色彩。我的衣柜中靓丽的色彩越来越多，老式灰暗的衣服越来越少，一个女人的风采在慢慢地展现。

就是在这样一点一滴的改变中，我慢慢学会了爱自己。现在的我已不是曾经那个处处依赖的小女孩，而是越来越活出了自己作为一个女人的笃定和精彩。我清晰地感受到一颗内在沉睡的灵魂在爱、尊重、包容的滋养下慢慢苏醒，就像曾经沉睡多年的睡美人，她用一双全新的眼睛重新观察着这个世界，充满了好奇；她因为爱而苏醒，却不需要再事事顾忌，可以自由地奔向自己的新生活。

此时，我满心欢喜！我知道：这一世，无论再发生什么，我一定会好好地爱自己！

◎ 杨莉

接纳内心小孩

亲，早上好！问候早安！

今天，开启新的一天！自己坚持跑步锻炼的第238天！时间30分钟，跑步3.5公里！

今天，分享一下：

工作和生活中，自己是否受到欢迎和喜欢，不仅仅取决于他人及周围环境，更多取决于你自己是否接受和喜欢你自己！

放下吧，无须过多在乎那些不喜欢你的人，去接近那些喜欢和欣赏你的人，尤其是接近自己内心的那个小孩儿，也让自己更喜欢这个内心的小孩儿吧！

犹如跑步给自己带来的喜悦和收获，是自己的而非他人的！

我也越来越多地发现，早睡早起，已经是自己及很多人的奢侈品啦。很感谢自己，我目前拥有一个最贵的奢侈品——早睡早起！

学会接受欣赏和接纳内心的自己和外在的自己！

2018，爱是一种成长，用成长来爱自己！

● 燕园心理：马泽中

芊芊心解　这样的自己，你喜欢吗？

被喜欢，是每个人的愿望。

为了被喜欢，我们可能会压抑自己的部分天性，发展出讨好、乖巧、听话、努力等方式。

一旦发展出某个方式，如果不觉知，就会一直用下去。

有时，这方式管用，有时，这方式不管用。

不管管不管用，你都会一直用。

用着用着，你会觉得累。

累了，你就会烦躁。

一烦躁就会生气，生气了就会破坏关系，破坏了关系，就会觉得不被喜欢。

为了被喜欢，你又拿起这个方式继续使用。

如此循环往复，你总担心不被喜欢。

可是，亲爱的，你问过自己，你喜欢自己吗？你接纳那个不被喜欢的自己吗？

在你的内心，住着两个自己，一个是你喜欢的自己，一个是你不喜欢的自己。

你常常用你喜欢的那个自己和外界互动，以求被喜欢。

而那个你不喜欢的自己，被你丢到角落，不闻不问。

当你开心、当你觉得被喜欢的时候，你被那个你喜欢的自己支配。

当你不开心、当你觉得不被喜欢的时候，你被那个你不喜欢的自己支配。

你看，有两个你，一个是你喜欢的，一个是你不喜欢的，他们都是你，他们都想出来表演，让你多看他们一眼，让你喜欢他们。

你越是不喜欢那个你不喜欢的自己，他就越会找各种机会出现，让你看见他。

如果连你都不喜欢那个你不喜欢的自己，谁会喜欢呢？

所以，不妨蹲下，摸摸那个你不喜欢的自己，问一句：“告诉我，为什么我不喜欢你，我怎样做，才会喜欢你？”

用心去聆听回答。

也许那个你喜欢的自己，正是从那个担心不被喜欢的自己里面分离出去的。

比如，你很小的时候，有一次哭闹着不肯走路，妈妈烦了，扔下你，独自往前走了50米。在幼小的你看来，50米的距离意味着妈妈不喜欢你，意味着你被妈妈抛弃了，而被抛弃就意味着死亡，你更加害怕了。从此，你很害怕不被妈妈喜欢，你仔细观察，发现，每当你乖巧、懂事、不惹事的时候，妈妈就很开心，妈妈一开心，你就放心了。于是你就常常表现出乖巧、懂事、不惹事，好让妈妈开心，好让自己安全。

这些写进了潜意识，直接体现在行动上，意识根本不知道。

你看，他们原本是一体的，因为这些暗藏的原因，他们被分开了！

你能做的就是，让那个你喜欢的自己去喜欢那个不被喜欢的自己，让他们成为一个整体。

然后，作为整体出现的你，就是这样一种状态：无论别人是不是喜欢你，你都那么喜欢你自己。这样的你，无论做什么，呈现的都是一个你喜欢的自己，别人还有什么理由不喜欢你呢！

◎ 程语

陪你长大是件幸福的事

今天，周末愉快！

这个周末，你自己在干什么呢？忙碌的周末？亦或是片刻的平静？

今天，喜欢下雨的感觉，喜欢在雨中不打伞漫步的感觉……

每个周末，看着宝宝和爸爸妈妈奔波忙碌的情景，想起了童年的自己，想起了自己童年的很多情景……

在每个孩子成长的过程中，重要的是，让孩子拥有一个轻松的成长环境，让孩子拥有一个稳定的依恋客体，让孩子拥有一个持续的、稳定的客体依恋关系……

陪伴还是陪伴，也更要从陪伴中看见关系，建立爸爸妈妈与孩子良好有效的依恋关系，才是孩子成长成才的核心和基础！

一起在陪伴中建立关系，一起在良好的关系中更好地成长！

● 燕园心理：马泽中

芊芊心解　稳定的依恋关系是孩子一生幸福的基础

每个父母都希望自己的孩子能够幸福。可父母怎样做，孩子才能幸福呢？

很多人认为当今社会竞争激烈，孩子未来想要幸福，必须从小就接受良好的教育，培养各种能力来增强自己的竞争力。因此，首先必须有个好成绩，至少能保证考上985院校。单纯学习成绩好还不行，还必须有特长，音乐、美术、体育各种特长培训齐上阵。这样的各种培训还必须从小就抓起，不能让孩子输在起跑线上。

就这样，孩子们的童年没有了，孩子更辛苦了，家长们也越来越焦虑。

教育到底要去向哪里，成为当今社会最大的难题之一。

可具备这样多的技能真的就是幸福的前提吗？

我认为，并非如此。

有的人从小学习成绩就很好、很优秀，但却不能遭遇一点挫折。稍微遭遇一点挫折他就一蹶不振，才能发挥不出来，内心还非常痛苦。

现在有一个词叫“茧居族”，指的就是，现在有越来越多的人不愿意踏入社会，终日宅在家中继续依靠父母生活，把自己包裹起来，逃避社会生活。他们中有很多人接受过非常良好的教育，但似乎却并没有收获幸福。

有的人竞争力很强，事业发展非常顺利，情感却很坎坷，也不幸福。

有的人看起来能力很强，但关键时候却发挥不出来，难当大任。

有的人确实非常有才，但却因为人际关系不良，而没有机会展示自己的才华。

这都说明，具备这样的一些外在技能确实可以锦上添花，提高一个人的竞争力，但却不是一个人幸福的基础。

幸福的基础究竟是什么呢？

客体关系理论告诉我们：孩子和父母之间稳定的依恋关系是一个人今后幸福的基础！

幸福是一种感觉，很多时候它并不取决于外在的成就，而是内心的一种感受。这种感受就是一个人对这个世界的主观感觉，它包含的范围很广，既包括对自己的感觉，也包括对别人的感觉，还包括对周围环境的感觉。

如果一个人对自己、对别人、对身边环境的感觉都是友好的、温暖的，他就会有一种幸福的感觉；但如果他对自己、对别人、对身边环境的感觉都是厌恶的、冰冷的、迫害的、恐惧的坏感觉，那这种坏感觉就足以主宰他的内心，让他体会到更多痛苦，甚至对社会产生回避等。

所以，一个人幸福与否归根结底取决于他和自己、和别人、和身边环境的关系，而不是身上的技能。

是什么影响了他内心的感觉呢？

最初，这种感觉的雏形来自早期父母和孩子之间的依恋关系。

孩子来到这个世界上，最初是通过自己的父母、通过自己的家庭去认识这个世界的。首先是妈妈、然后是爸爸、然后是身边的其他亲人，在三岁上幼儿园之后，才逐步由家庭走向社会，世界在孩子眼中一点点扩大。所以，父母和孩子的关系、父母对待孩子的态度就在早期最深刻地影响着孩子对这个世界的感受。

如果父母是稳定的、友善的，孩子就会感觉这个世界很和谐、很温暖，他就会觉得外界是好的，同时也觉得自己是好的、是值得被爱的，他的生命底色就被爱与温暖包围。

如果父母最初是不稳定的，是情绪化的，或是一会突然出现、一会突然消失的，那么，这个孩子的内心感受就是不稳定的、不安全的，也是迷惑的。他不知道外界究竟是否安全，自己是否能够应对，也不知道自己是否可爱，为什么父母的态度会如此变化多端，是不是因为自己做错了什么，自己又是否可以改变这一切？这时，有的孩子就会陷入逃避，通过回避和父母的情感接触来逃避痛苦；有的孩子就会变得讨好，通过讨好来努力抓住父母，以获得一份稳定的爱，但其实，他们的内心都是不安全的。

如果父母对待孩子是苛刻的、敌对的，那么，这个孩子对世界的感觉就更可能是迫害性的，充满了不安全感，他就会用更加恐惧，或更加敌视的视角去看待这个世界。

父母的样子和父母最初对待孩子的态度，形成了一个孩子最原始的对这个世界的感觉，今后他就会带着这个感觉去和这个世界相处。自然，如果他对这个世界的感觉是好的，他就会更加积极地投入，就会创造出更大的幸福；但如果他对这个世界的感觉是危险的、回避的、恐惧的坏感觉，那他就会感受到无穷的压力，进而回避和这个世界的接触，这不仅会影响到自身的发展，更会影响到他对幸福的体验。

如果把一个人比喻为一辆车，我们所学习到的各种技能就是车上所拥有的各种功能，拥有它们可能让我们更方便、更舒适、更具有竞争力，但这也仅仅只是锦上添花而已。真正决定车能走多远、决定车况的是发动机，而发动机才是这辆车的原动力，对于人来说，这个原动力就是我们对这个世界的感受和理解。

从这个意义上来说，如果我们希望孩子幸福，不是像一个老师一样来培养他的各种技能，而是关注和孩子在一起的时光，共同创造一种彼此幸福的感觉，让这种幸福的感觉永远存续在孩子的心间，成为他今后展翅高飞的原动力！

杨莉

用成长来爱自己

亲，早上好！问候早安！
今天，自己坚持跑步锻炼的第239天！时间30分钟，跑步4公里！

今天，分享一下：
爱是一种成长，用成长来爱自己！
今天，与成长一起践行，就会与爱一起伴行！
学会自我成长的方式，拥有爱自己的行为！
今天，与爱一起！

● 燕园心理：马泽中

芊芊心解　今天，与成长和爱在一起

成长就是，当你碎了一地时，你不是把碎片扫地出门，而是把碎片收集起来，重新塞回身体里，黏合，成为比碎了一地的你更好一点的你。

当你加入一个彼此热络的团体时，你插不上话，你很尴尬，你不知如何应对，那时的你可能已经碎了。

当你发现自己不再是某个团体的中心时，你很失落，很不舒服，这时，你可能已经碎了。

当你发现场域不在你的控制之下，你很不爽，可能，你就开始碎了。

当你发现孩子不听你的、另一半造你的反、下属不拿你当回事，你有些不舒服，可能，你马上就要碎了。

是的，当你体会到自己的不舒服感时，可能就是你破碎之时！

当你碎了，你有两种选择。

一种是，你推开碎片，跟自己说："这不是我的场""我不是这类人"，然后回到自己的舒适区。许多人就这样永远停留在自己的舒适区里，以为自己从未碎过。

或者，有人推开碎片，跟对方说："你们竟然敢这样对我，看我怎么收拾你"，然后，他几乎要气死自己。

另一种是，你看到碎片，捡起碎片，清洗碎片，放回身体，接纳它，黏合它，让它重新成为自己的一部分。这叫成长。

每一次成长就是对自己不舒服感的一次穿越。

每一次穿越，都是你深刻地爱了自己一次。

许多次的穿越，就是你成长的轨迹。

你成长的轨迹里，写着你对自己的爱。

你爱了自己，别人会愿意靠近你、去爱你、去接受你的爱，而你，因为这样爱过自己，你也会爱别人了。

在每一个今天里，与成长和爱在一起！被爱，去爱！

程语

行走在阳光下

亲爱的，早安！

每一天醒来，每一晚都有梦境！真的感恩每一天都会醒来，听到鸟鸣的叫声，看见初升的太阳，闻到花香的味道……

今天，出发啦！春天里阳光真好，奔跑，一起跑出3.1公里！

今天，奔跑和坚持在希望的道路上，这样，才可能收获希望的果实！切忌跑错了方向和目标！

行走和奔跑在阳光下，阴影才会越来越少，阳光也才会洒满自己的全身，温暖自己的内心！

一起多多和具有正向积极能量的人在一起，相信自己也会越来越阳光，越来越有希望！

今天，我们一起在春天的希望中继续奔跑！继续坚持锻炼的第337天！坚持锻炼时间30分钟，慢跑3.1公里！

● 燕园心理：马泽中

芊芊心解 切勿关注黑暗，错失阳光

身体会感冒，有时候我们的心灵也会感冒。

心灵感冒的首要表现就是出现一些情绪方面的困扰，可能是悲伤、抑郁，也可能是焦虑、恐惧。这些情绪让我们感受到非常痛苦、非常无力，似乎自己被一股不知名的力量控制，内心的调节功能完全失灵。除了心灵上的痛苦，有的人甚至严重到影响了自己的现实生活。

通常，大家开始的想法都是："我太痛苦了，这种情绪太不好了，我一定要赶紧摆脱这种负面情绪，让它彻底远离我，我要回到过去的快乐状态中。"

于是，有的人会选择转移注意力，去做一些平常能让自己开心的事情，好让自己能迅速摆脱这种情绪。

有的人会选择直接指责和压抑自己的情绪，不断告诉自己："不要再难过了，你这样做真是个懦夫。""不要再焦虑了，你有什么好紧张的？""别人都没问题，为什么就你出问题？"

也有的人干脆深陷其中，感觉自己非常无力，一点办法都没有。

……

压抑、转移注意力这些方法也会帮助到一些人，但对于相当多的人来说却是无效的。

他们中有的人会说："开心的那一刻确实是开心的，但完了后又会马上掉回到黑暗中去，什么都不想干，这时会感觉更加无望。"

有的人会说："我努力想让自己从这些情绪中挣脱出来，不去想这些事情，但却发现根本做不到。"

这时，我经常会问一句："我确实感受到你受到这个困扰，非常难受，也听到你在讲这些情绪带给你的困扰，那我想问一句，怎样你就可以快乐呢？"

这时，大多数人都会说："当然是让这些情绪快点离开我，我就可以快乐了。"

我会继续说："似乎听起来，你认为只有这些情绪离开你，你才能快乐。那还有其他能增加你快乐的方式吗？"

有的人说："原来确实有，看电影、玩游戏等，但现在感觉高兴完了又回到不

快乐中了，也没什么意思了。”

……

看了上面的对话，大家可以看到：

首先，遭遇到这些情况，大家心里确实非常痛苦、非常难受，就因为非常痛苦难受，我们的注意力就完全被它吸引，全部心力都在想：怎样把这个可恶的情绪赶走，怎样把自己赶紧从这个痛苦中解救出来，其他的一切都顾不上了。

但大家都忽略了，很有可能，痛苦不仅仅来源于这个情绪，还有很大一部分其实来源于自己被这种情绪给控制了，什么都做不了。

如果把自己和这种情绪比做两个人的话，无疑，大多数人把这个情绪视为一个强大的、危险的敌人，要把它赶出自己的心房，或是和它陷入了激烈的对抗，或是感觉自己非常无力。这都会导致我们内心的痛苦。这个敌人似乎非常顽固，怎么赶也赶不走，非但不走，还越来越厉害，居然主导了我们的生活，这真让人崩溃！

那究竟该怎么办呢？

也许我们可以从咨询师的做法中得到一些启发，自己成为自己的咨询师。

如果咨询师介入，他会这样做：

首先，咨询师可能会充当一个调停者，扰动一下来访者和情绪之间的关系。比如，让来访者先暂停和情绪之间的激烈对抗，看看自己究竟面对了几个敌人、几种情绪，而不是被情绪裹挟闭着眼睛瞎打。这样的干扰，可以使来访者的内心慢慢平静下来，有机会关注到自己的内心、认识自己的情绪。

其次，咨询师会让他认识到，情绪也是一种表达，不妨先听听它到底想表达什么？这样一来，来访者就有机会看到被自己忽略的一些信息、一些内心表达，从而理解自己这种情绪出现的原因。

当他理解了自己、理解了问题，他就有能力处理这个问题了。

当然，有时即使他头脑理解了，感受层面仍然因为不能接受而执着于迅速、彻底解决问题，彻底逃离。这时，咨询师会看到来访者的所有关注点其实不是如何快乐，而是问题，是恐惧。这时，咨询师会启发他寻找带来快乐的其他方式，慢慢扩大内心的积极面，而不是非要彻底消灭问题。

这就好像一碗墨汁水，非要把墨汁从水里分离出来，谈何容易？但如果在水里不断加入清水，墨汁就会被慢慢稀释；如果加入其他色彩，水里还会出现许多美丽的色彩。我们的内心也是如此，不是非要彻底改变什么，而是要加入新东西，让它更加丰富、更加平衡、更加饱满、更加灵活。

最后，咨询师还会向来访者强调，这是个缓慢的过程，这个过程本身就是成长，需要我们耐下性子慢慢来，不是解决完问题再去生活，而是边解决边生活，边生活边解决。

生活就是这样，我们很难预知它会带给我们什么。有句话说得好："上帝给每个人都送来了礼物，只是带着不同的包装，有的人欣然接受了这份礼物、心怀感激；有的人却随手把它扔弃。"其实，无论生活给予我们什么，都是一份宝贵的礼物，欣然接受，好好珍惜，它就会成为我们生命中的宝贵财富，切勿关注黑暗，错失阳光！

杨莉

温柔以待

亲，早上好！

今天，问候早安！

今天，自己坚持跑步锻炼的第245天！时间40分钟，跑步5公里！

今天，看见自己：

亲爱的，今天看见自己，看见他人；看见他人，也更要看见自己！

今天，让我们对自己温柔以待，对他人温柔以待，也更要让我们对这个世界温柔相待！

这一年自己或许太不容易……

年底了，对自己好点，温柔地对待自己！

● 燕园心理：马泽中

芊芊心解　温柔以待

温柔以待，真是个很能触动内心最柔软部分的词。

每个人都渴望被世界温柔以待。

在母亲关爱眼神里坦然踏实的婴儿，是被母亲温柔以待了。

哭闹耍赖的幼儿，他的愿望他的渴望被父母看见了、满足了，这是幼小的他被父母温柔以待。

调皮捣蛋的小学生，他内心渴望被关注的一面，被老师看见并给予了关注，这是小学生被老师温柔以待。

叛逆的少年，他内心渴望独立、又依赖父母的一面，被父母捕捉到，给他空间，给他支持，这是少年被父母温柔以待。

独立的青年，他想飞翔，想试试自己的翅膀，他被父母允许了、支持了，这是青年被父母温柔以待。

中年，上有老下有小，他们的艰辛，被社会看见并给予了心理支持，这是中年被世界温柔以待。

老年，你还能活得有自尊、有价值，你就真的被这个世界温柔以待了。

也许，你像我一样，不那么幸运，在大多数的时光里未曾感受到被这世界温柔以待，没关系，没有几个人真的会时时刻刻被完美地温柔以待。

但是，你记忆中总有那么一刻曾被温柔以待过。

这就是种子，是被温柔以待过的种子，这种子就种在你心里，它发不发芽，全在你。你时常给它浇水，它就会发芽，长得茂盛，你就会处处看见温柔以待，温柔地对待自己，温柔地对待他人，温柔地对待世界；你不给它浇水，它就会枯萎，你就看不见温柔以待。

去寻找你心中那颗温柔以待的种子，给它浇水施肥，让它焕发生命力，去看见生命中的温柔以待。

程语

与爱同行

今天，2月14号，是一个特别有爱的日子，我在此问候心中有爱的人，情人节，节日快乐！祝愿彼此相爱相亲！温暖陪伴，包容前行！

对于我们当下的自己，生活中有些事情，拿不起，就选择放一放！

有些东西，若是要不得，就把它放弃。

有些感情，若是理不顺，就先停下来。

有些伤痛，若是挥不去，就学着慢慢遗忘。

有些过往，若是忘不了，就深深地藏于心底。

有些工作，若是做不好，就需要求助他人。

自己的人生，总有一条路可走，无论风霜雨雪。人生，相信淡然相随。

今天，要心中有爱，与爱一起相伴前行！

要心中有梦，做一个幸福的追梦人，做一个幸福的奋斗者！

今天，迎着太阳生长！一起带着梦想幸福地奔跑！

● 燕园心理：马泽中

芊芊心解 那一刻，我看懂了你的爱

一天，学生突然问我："老师，你说爱究竟是什么呢？"

对呀，我们每天都在说爱多么重要，自己做很多事都是为了爱，那爱究竟是什么呢？

可能很少有人真正静下来思考过爱究竟是什么？

当我们没有好好思考过爱，没有一个关于爱的答案时，即使爱就在身边，我们也认不出它，即使心里有满满的爱，也无法正确表达出来。

一、每个人爱的需求、爱的表达不一样。

爱很抽象，它看不见、摸不着，更是一种关系间的感觉。这种感觉会让人很安心、很舒服、很放松，感受到被支持、被理解，就像有一种温暖的氛围在包裹着自己。

爱如此抽象，它需要通过具体的方式来表达，以被人感知到。每个人表达爱的方式却各不相同。

在小孩子的心目中，爱很简单。妈妈温暖的抱抱、一个睡前亲昵的晚安吻、一个甜甜的冰激凌、父母的陪伴、温柔的抚触、凝视的眼神，这些都是爱的象征。小孩子要的爱更多就是当下的一种感觉，和未来无关。

人长大了，爱的表达方式就变得越来越复杂、越来越含蓄。很多时候，爱成了父母精心准备的一桌饭菜，爱成了老人节衣缩食为孩子攒下的一沓学费，爱成了父母对子女的各种叮嘱和唠叨，爱成了老师的谆谆教诲，爱成了爱人间每天平淡的陪伴和扶持，甚至，爱变成了彼此间的埋怨和争吵。它变得越来越平淡、越来越隐晦，甚至有时候都会让我们忽略它的存在。所以，爱需要被看见！

二、爱需要被看见。

爱需要被看见，既指被爱的人需要被看见真正的需求，也指付出爱的人需要被看见。

很多时候，人们之间的冲突，愤怒、仇恨等情绪都指向爱，因爱生恨。

一个青春期的孩子可能因为爱的问题和父母关系恶劣。因为他觉得自己感受不到父母的爱，只有父母无穷无尽的要求；而父母却可能觉得孩子太不懂事，不理解父母的爱，这在我们的生活中非常常见。

但实际上，在这中间，不是没有爱，只是给予爱的人和接收爱的人都没有看到对方的爱！

父母可能没有看到孩子的需求，而只是用自己认为的爱的方式来爱孩子，不断向他提出诸如要好好学习，以后才能有个好前途之类的要求，这时，父母表达爱的方式就是对他严加管教来保证他以后过上好的生活。但孩子这时可能更需要的是一个能够理解自己、在自己碰到困难时能引领自己成长的父母，而不是一个只关心学习成绩的父母，这时他们之间对爱的需求产生了不匹配，冲突由此产生。所以，在给予爱的时候，需要看到对方的需求。

同样，孩子也没有看到父母内心的爱，虽然父母给予爱的方式不是自己想要的，但背后却仍旧是爱的力量在驱动，如果孩子能看到这一点，就能从更深的层面看到这种爱的存在，同样会被温暖，在此基础上再来和父母沟通，关系就不会被破坏。

所以，爱有不同的形式，需要我们用心去感受、去看见！

三、爱是一种平衡，不仅要能付出，还要能接受。

很多人认为爱就是一种付出，但爱其实更是一种关系间的平衡，不仅要能付出，还要能接受，这才会让彼此感到舒服，才能够让爱顺畅地流动。

在父母和孩子的关系中，父母往往是付出爱的一方，付出得无怨无悔。同时很多父母却拒绝接受孩子的爱意，这会让孩子心怀愧疚，爱难以流动。

一个朋友曾经讲过，小时候父母对他关怀备至，好东西都先给他，父母自己却

舍不得吃、舍不得用，虽然，他深切感受到了父母的爱，但其实，他心里也一直有一个沉重的负担，就是觉得父母为了自己做了很大的牺牲，这让他一直觉得愧疚。其实他最希望的就是，有好东西一家人能一起享用，哪怕每个人只能分得一点点，只有那样，他才感觉到是一家人有福同享，而有福同享才是一种很幸福的感受。现在他有钱了，想要回报父母，但经常是给父母买了东西，父母不要，说不要浪费钱；请父母来城里住，父母却说不要给儿女添负担，在农村就挺好。父母的拒绝让他感觉这份爱很沉重，他不知道该怎样回报。

所以，爱不是一种单纯的付出，更是一种彼此间能量的流动。接受别人的付出也是一种对对方的爱，对对方爱的看到和认可！

四、爱是虽然我有我的需求，但仍尊重你的表达！

每个人爱的表达方式不同，也许有时候这不是我们想要的，我们当然可以在看到这一切时，表达自己的需求争取得到自己想要的，但有时尊重接受对方的表达方式也是一种爱！

就像我，之前我对爱的需求更多是一些精神上的需求，希望老公能够去倾听我说话、能够在我脆弱的时候给我一些心理上的安慰和支持，但对于他而言却很难做到这一点。他无论在表达心疼、表达感谢还是表达爱的时候都更习惯于拿一些具象的方式来表达，比如，请我吃一顿好吃的、请我去看电影、给我买我喜欢的东西等。

最初，我感觉非常难受，因为这不是我想要的，而我想要的他又给不了我，这让我很长一段时间一直想要改造他，让他能够满足我的需要。结果是他不仅没有被改造，反而因为惧怕我的不满而变得连过去的方式都有些不会使用了，甚至在我脆弱的时候，他就会感到紧张，想要躲开我，而且他会觉得非常委屈，觉得我没有看到他的付出。

正是在这样的情况下，我慢慢明白了：每个人都有自己的表达爱的权利和方式，我们可以有需求，但不能强迫对方必须要用我们自己的方式来。我的需求当然是值得尊重的，但老公的心意同样是爱的表达，同样是需要被看见的。而且当我这样想时，我真的发现，对于他的表达方式，我没有那么排斥了，同时，我也觉得这种方式其实也会让自己很开心。

由此，我明白了，其实最初我的不开心，固然是因为他的方式不合我的心意，但更重要的是我心里暗暗觉得他不为我改变就说明他没有那么爱我；现在，当我明白他改不改变和爱不爱我无关，他爱我的方式就是把他认为最好的东西给我，他是对我充满爱的，这就让我很欢喜，他的方式又可以被接受了。所以，归根结底和方式无关，而是你对爱的感觉。

更多地看到对方的爱，尊重他用自己的方式来表达爱，会让我们彼此间的爱更自由、更充盈、更流动！

这就是爱！

是爱让我们的生命鲜活，如盛开的花朵；是爱让我们自信，无所畏惧地闯荡于天地间；是爱让我们坚强，可以抵挡前行路上的风雨；爱似一轮暖阳，在寒冷中温暖着我们的心田。

好好去爱吧，也好好看见、珍惜你身边存在的爱。

让自己生活在爱的海洋里，时时刻刻感受爱的幸福！

杨莉

来，一起体验一下

亲，早上好！

今早，头等大事——送宝宝上学！

今天，跑步—让步！换个方式和时间锻炼自己！

自己坚持跑步锻炼的第245天！时间0分钟，跑步0公里！

今天，看见自己：

今天，早起头等大事，陪宝宝起床—穿衣—刷牙洗脸—擦香香—梳头—穿鞋—出门……

送宝宝上学！

多么简单的事情，也确实多么地需要耐心、细心和爱心！体验妈妈每天多么不容易！为每天坚持送宝宝上学的妈妈们点赞！

体验一下，经历了，看见自己，也会看见他人，一起在年底的时候，更好地梳理一下自己的这一年吧！

● 燕园心理：马泽中

芊芊心解　在体验中感受幸福

在一次工作坊里，我站在一个女孩旁边，她叫我给她抚背，我就使劲按她的背，她教我轻轻柔柔缓缓地抚摸她的背，还告诉我为什么这样做。我突然理解了之前我的芳香疗法心理咨询师妍洁也告诉我要去轻轻缓缓柔柔地抚触我妈妈皮肤的原因，当然，她说，加上天然植物精油效果百倍的好。

在另一个工作坊里，有个女孩状态不太好，她正好坐在我旁边，我就用手轻轻柔柔缓缓地抚摸她的背，就如上面的那个女孩教我的那样。抚触被打断后，我没再继续，因为我不知道她喜不喜欢。然后她说：“姐，你再帮我摸摸背，你刚才轻轻摸我的背，很舒服很踏实。”

最近，妍洁老师在她的“芳香母婴心身照护师认证课”上，提到抚触对婴儿身心发展的重要性，同时，这样温柔的抚触，成年人也一样需要。

抚触，其实就是一个体验过程。

在燕园心理马泽中博士的团体心理动力成长小组中，他常常会鼓励大家更多地去体验去经历，尤其是去做一些从来没做过的事情。

体验，就是亲身经历，就是去做，就是去感同身受。

没有体验，就不可能有感受；没有感受，就不可能有爱产生；没有爱，哪里有幸福。

幸福的感觉就藏在一次又一次的体验之中。

婴儿，通过体验被妈妈环抱、被妈妈温柔抚触、把头靠在妈妈的肩上、与妈妈对视、吸吮妈妈的奶头、被妈妈换尿布来感受妈妈的爱和世界的爱。

幼儿，通过体验爸爸妈妈陪他玩耍、陪他游戏、给他讲故事来感受爸爸妈妈的关爱。

儿童，通过体验与同伴玩耍、游戏来感受友情、处理冲突。

少年，通过与伙伴朋友谈古论今、一起运动，甚至打架对抗来感受自己的力量、魅力以及在团体中的位置。

青年，通过与异性建立亲密关系来确认归属感。

中年，大多数的中年人在有了孩子的那一刻，就忘记了去体验，而活在了匆忙中：匆忙地上下班、匆忙地工作、匆忙地接送孩子、匆忙地给孩子讲故事、匆忙地叫孩子起床、匆忙地做饭、匆忙地督促孩子写作业、匆忙地……每天都匆忙地在一件又一件事情中切换，而忘了好好体验。忘记了好好体验的他们，最终把自己活成了苦哈哈的模样。幸福就在“忘了体验”中溜掉了！

如果，从小到大，你没有被允许独自去外地，那么，去体验一下吧！

如果，从小到大，父亲和你很少沟通，那么，你可以试着做些什么，开启父子（父女）之间的交流！

如果，你是个新手爸爸，面对柔软的生命，虽然手足无措，但是你也可以试着去体验照顾婴儿的感受。

你回到家，孩子雀跃地扑向你，拉着你把一个游戏做了一遍又一遍。你觉得索然无味，不理解孩子为什么这么热衷于一遍又一遍地玩同一个游戏。那么，此刻，如果你能放下成年人的评判，全然地投入到孩子的游戏中，与他们一起玩耍、体验，也许，你会有不一样的发现。

你从未参加过孩子的家长会，也从未接送过孩子上学放学，那么，趁还有机会，赶紧去做吧，也许你会发现一个不一样的孩子。

你和爱人很久没有单独相处了，那么，安排一场专属于你们两人的旅行、一个浪漫的烛光晚餐、一起去看一场电影，找回属于你们自己的二人世界吧！

一家三口，很久没有集体行动过了，那么，赶紧安排一次郊游吧。

与你最爱的人，一起全身心地投入做些事情，去体会幸福的感受吧。

去体验吧，千万不要与幸福失之交臂哦！

程语

我们之间怎么了

今天，我们的关系怎么啦？我们的生活怎么啦？一起觉察一下当下的自己吧！

人生，与其想遇到一个ta来拯救你的世界，不如指望自己能吸引那样的ta来改变和塑造属于自己的世界！

自己，与其指望每次失落的时候会有正能量的ta出现来温暖你，不如指望自己变成一个正能量的人，自己温暖自己，也可以温暖他人，再到我们一起彼此温暖！

自己，与其担心未来，还不如现在好好努力，活好当下，做好自己喜欢的当下！

好的人生，都是从不好的日子里煎熬着熬出来的。熬过了人生的这段煎熬的日子，熬出来的都是精华，都是意义和价值。熬出来了，才能让自己过上喜欢的生活，拥有自己活着的意义和价值！

其实，人生不如意事十之八九，若是让自己拥有强大的内心，拥有接纳自己的内心，相信就不是他人和生活在左右你，而是你在驾驭自己的生活和人生！

或许不是他人不放过自己，而是自己不放过他人，也不愿意放过你自己！

今天，简单和真实地面对自己，若是自己的心里有阳光，其实雨天也是一种浪漫；若是自己心里下着雨，晴天也有阴霾。

今天，抬起头看看身边的美丽！

● 燕园心理：马泽中

芊芊心解　用成长把握幸福

每当谈到女性的自我成长，都会让我想起一本非常经典的绘本《失落的一角遇见大圆满》。

这个绘本，用简洁的漫画清晰地刻画出了女性由依赖走向独立、由怯懦走向自信、由遭遇情感危机到最终收获幸福的成长之路，它向每个女人展示了一个青涩少女向成熟女性的转变过程。真正的成熟不是外表、不是装扮，而是内心深处对自我的确定、对自己的自信。

主人公和我们现实中的很多女性一样，善良、单纯、脆弱而依赖，一心想要寻找一个对自己好、可以宠爱自己、带领自己走向快乐生活的白马王子。失落的一角代表内心的缺失。很多人看不到这个缺失，也不愿意承认这个缺失，更不会主动选择通过自我成长来补全这个缺失。

更多的人会选择把这个缺失投射到伴侣身上。这个缺失也许是：对温暖的渴望、对尊重的需求、对被爱的期盼、对安全的需要、对幸福的渴望、对美好生活的盼望……仿佛世间存在救世主，找到他，就可以改变过去的生活，弥补自己的缺失。婚姻因为最初就已经被赋予了太多的意义而变得沉重，伴侣因为担负起了弥补彼此缺失的重大责任而苦不堪言。

单纯的感情被无意识地赋予了很多意义，寻找的过程变得如此艰难，一条一条的标准过后，合适的人选已所剩无几。

即便最终自己以为自己终于找到了那个救世主而走向了婚姻，但婚姻照样充满了各种风险。有的因为伴随着婚姻的到来，恋爱时的光环逐步褪去，曾经的优点慢慢消失，缺点却越来越暴露无遗，曾经的甜甜蜜蜜、彼此欣赏变成了互相指责；有的因为太多的需求让对方不堪重负，落荒而逃；有的因为需求持续得不到满足而相互抱怨攻击，把婚姻变成了战场；又或是即便最初美满幸福，也可能因为各种各样的变化，曾经稳定的婚姻呈现出危机。

在这个过程中，处于婚姻中的每个人都会被深深地伤害，没有胜利者。快乐、失落、幸福、遗憾、愤怒、悔恨、痛苦……各种复杂的感受纷纷袭来。

经历了感情的挫折，很多女性会进入一个对自我深深质疑的阶段：“那么多人都很

幸福，为什么会是我遭遇不幸？是不是因为我不够好？是不是因为我长得不够漂亮？是不是因为我做得不够完美？”于是，很多人开始走上了讨好取悦男人的道路：注重外表、包装自己、改变自己的个性、丧失自我、变成别人喜欢的样子。但这一切并不会带来真正的感情，反而会更容易让自己陷入更加痛苦的境地，迷茫、彷徨、卑微、难过。

很多人仍然拒绝成长，在她们的内心仍然深深地认为：“我必须要找到一个对我好的人、喜欢我的人，我才能够存活，才能够感到安全、幸福！我必须要依赖一个男人，依赖一段感情！”

绘本的主人公也像很多人一样，仍然在不断地寻找，直到有一天她遇到一个完全不一样的人——大圆满。大圆满拒绝了她的索要，也拒绝了她的讨好，他拒绝她所给予他的身份，坚持做着自己。他也鼓励她完全可以自己去过自己想要的生活。

当然，在生活中，很多人也是在遭遇了很多挫折、苦不堪言的时候，才开始走上自我成长的觉醒之路的。

但最初，不会那么顺利。

绘本的主人公震惊了，觉得不可思议，觉得这怎么可能！

这也深刻刻画了很多女性无法走向幸福的原因——不愿改变，不愿自己独立，还是想把生活的希望建立在另一个人身上。因为内心对自己深深地怀疑、不自信、对自己的否定，认为自己没有能力做到这一切。

但生活是无情的，并不会因为谁痛苦就会去怜惜谁。反而有时会因为你的固执、对抗而给予你更深的打击。痛苦也是转机，很多女性在这个时候生发出想要自我成长、努力活出自我的种子，很多人最终决定试一试，迈出了最艰难的一步。

最初可能会布满艰辛，但却又有一种新鲜的、从未体验过的快乐和自由在支撑着她们。坚持、坚持，就在这样的坚持中，她们走得越来越快、越来越顺利。直到有一天，她们依靠自我的力量在内心收获了安全、收获了自信、收获了圆满、也收获了幸福，一个女性完成了自己的蜕变之路，开启了全新的生活！

所以，幸福不是找来的，不是从天而降的，更不是向别人索取来的，真正的幸福掌握在自己手中，藏在自己的选择中。无论是安乐和顺，还是前路坎坷，女人都不要忽视了自我的成长，这才是女性真正走向独立、活出自我的方向！

杨莉

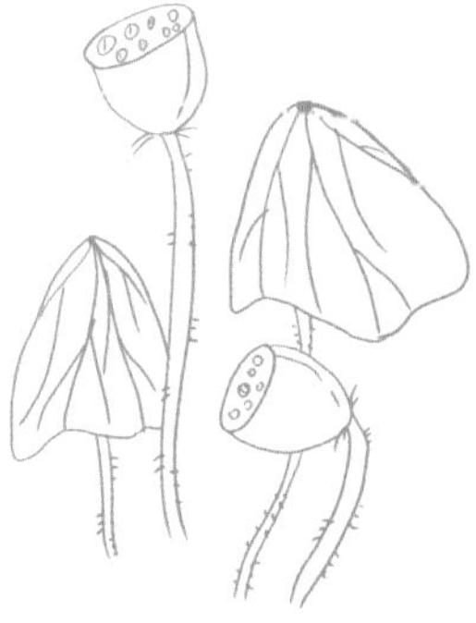

越忙越要照顾好自己

亲，早上好！

今天，开启更好的一天！

今天，自己坚持跑步锻炼的第244天！时间30分钟，跑步4公里！

今天，看见自己：

亲爱的，年底的自己越来越忙碌！在努力忙碌的同时，也更要照顾好自己的身心，尤其是自己的情绪！学会照顾自己的情绪，才能更好地做好自己当下的事情，也才能更好地做好当下的自己！

年底啦！越来越忙碌的时候，更要照顾好自己！

我在这里为你祝福！一起迎接和拥抱更好的2018！

● 燕园心理：马泽中

芊芊心解　越忙越要照顾好自己

上次聚会，有人诉苦有人抱怨，也有人给建议，但都被诉苦抱怨的人用一句“我很忙，没时间去……”给挡了回去。

他到底是不是忙，我不知道。我只知道，最近，每当我听到别人说“我很忙，没时间去……”的时候，我都想说“越忙越要照顾好自己”。

越忙越要照顾好自己，难道不是这样吗！

真正忙的人，都很会照顾自己，越是忙越是会照顾好自己，越是需要照顾好自己。

照顾好自己，其实就是满足自己的内心需要。

满足自己的内心需要，说明对自己的内在很了解，知道自己需要什么。

能见缝插针地满足自己，说明把满足内心需要这件事做得很娴熟。

做得很娴熟，说明他已做了很久，探索出了一些能随时随地满足自己内心需求的方法。

说“我很忙，没时间去……”的人，其实未必真忙。且不说别的可能性，至少，他们可能只是误解了“忙”。

可能，他们只是“急”，只是“不能等待”，误把“急”，误把“不能等待”当做忙。

因为急着要个结果，对于等待的中间环节充满焦虑，而无法关注事情本身，更无法关注到自己的内心。

而这时，真正需要关照的是自己内心的感受和情绪。

关照了自己内心的感受和情绪，才能了解自己、理解自己。

了解自己，跟自己的内心充分沟通之后，你才有可能找到自己最喜欢的几种被照顾的方法，你才可能做到随时随地的满足自己。

内心满足的自己，每天会工作很久、处理很多事情，他们真的很忙，以至于根本没时间说“我很忙，没时间去做……”，因为他们总是立刻就去做了。

你没那么忙，立刻，马上，去做一些你从没做过的事情吧！

程语

后记

本来并没有打算写后记，但是，设计定稿前对图片做最后筛选时的场景让我颇为感动，觉得很有必要写一篇后记来记录成书的过程。

这本书的成书过程完全遵从能量的自然流淌。

最初，我只是单纯地为了能让跑步坚持下来而在朋友圈打卡。

跑着跑着，我的体验和感受一天比一天多，一天比一天深，我把这些体验和感受记录下来，和跑步打卡同时发到朋友圈中。

朋友们被我坚持跑步感染的同时，也开始跟我的体验和感受互动。

这些互动又增强和丰富了我的感受，并给了我很大的心理支持，让我跑步+分享的动力更足了，我在跑步时的思维也更加活跃了，我的分享也因此自然而然地趋向系统化。

这时，有朋友转发我的分享，同时也表达了我的坚持对他的支持。程语老师也把我的分享配上我发的图片做成了海报，在群里、朋友圈里转发，并且引发了讨论和分享。

程语老师做的海报很朴素，同样的内容，杨莉老师又用手机软件做成了非常精美的海报。慢慢地，海报就交由杨莉老师做了。

这一切都是自发自愿的。

这时就有朋友说："做成书吧！"

这是一个有趣的提议，我试着找人按照海报的形式尝试做成电子书。这个想法虽然最终并未成型，但也算是一个开创性的探索。

电子书没有做成，但"做成书"的这颗种子却在我的心里发芽。

依然有人不断地提议做成书。

程语老师和杨莉老师有时也据此有感而发地写下她们自己的感受，同时在群里分享，这些感受又引发了群里的讨论。

程语老师和杨莉老师的领悟力和文笔都很棒，虽然我并不意外她们能写出这样的感受，但当我在阅读她们的文字以及我看到因此引发的讨论时，我还是被震撼了。

所以，我们一拍即合，愿意共同完成这本书！

我想，这是因为我们都对心理服务的普及心怀使命感吧。

正式的写作过程并不容易。

写作初期，我们并不十分清楚我们会把这本书写成什么样，只是有一个最原始的初心，就是想把我们每天随心而动的感受真实地呈现出来。

我的感受就在那里，这些感受就是随着我每天跑步时的30分钟自然流淌出来的，是潜意识送给我的礼物，我的每一天都在用这样的方式开启，这对我来说不是问题。

但是，对要通过我的分享来写点什么的程语老师和杨莉老师来说，就是一个相对不那么容易的事情了。

不容易的点不在于有没有感受，而在于如何让这些感受以最有价值的方式呈现，这需要明确读者定位、语言组织、写作风格、理论融合以及可读性。

为此我们进行了反复的碰撞和讨论，写出样稿，请大家反馈意见，几易其稿，最终形成了自己的写作风格：程语老师偏向写自己，每一篇都是她真实的体验和感受；杨莉老师侧重于分析，把理论分析得透彻易懂。

这里的每一篇文章，无论是在文字和内容上都细细打磨过，感谢帮助打磨的乔艳锐和张雪菲。

这本书里的图片大多数是我拍摄的，有少部分来自程语老师和杨莉老师。

筛选照片的工作量其实很大，这项艰巨的任务由程老师完成。她从我80GB的照片里初步选择了40GB，又从40GB的照片中挑选了一部分，之后和杨莉老师又精挑细选了一些能够贴近自己所写主题的照片。

图片的排版设计也是几易其稿，图书编辑和设计师也付出了许多心血。

我在设计定稿前花了将近3小时的时间，和程语老师、杨莉老师一起，对照片逐一筛选。

那时，看着每一张照片，拍照时的一个情景、一些人物、一段故事纷纷浮现在眼前，仿佛故地重游，又重新走了一遍，内心感慨万千。

我由衷地感受到，这本书记录的不仅是我跑步的瞬间，更是我这十几年生活工作的总结，更是我对心理服务事业的思考和热爱。

感恩！

燕园心理：马泽中